Mbaye Tine

Mécanismes moléculaires de l'adaptation à la salinité chez le tilapia

Mbaye Tine

Mécanismes moléculaires de l'adaptation à la salinité chez le tilapia

Adaptation différentielle chez le tilapia

Presses Académiques Francophones

Impressum / Mentions légales

Bibliografische Information der Deutschen Nationalbibliothek: Die Deutsche Nationalbibliothek verzeichnet diese Publikation in der Deutschen Nationalbibliografie; detaillierte bibliografische Daten sind im Internet über http://dnb.d-nb.de abrufbar.

Information bibliographique publiée par la Deutsche Nationalbibliothek: La Deutsche Nationalbibliothek inscrit cette publication à la Deutsche Nationalbibliografie; des données bibliographiques détaillées sont disponibles sur internet à l'adresse http://dnb.d-nb.de.

Coverbild / Photo de couverture: www.ingimage.com

Verlag / Editeur:
Presses Académiques Francophones
ist ein Imprint der / est une marque déposée de
OmniScriptum GmbH & Co. KG
Heinrich-Böcking-Str. 6-8, 66121 Saarbrücken, Deutschland / Allemagne
Email: info@presses-academiques.com

Herstellung: siehe letzte Seite /
Impression: voir la dernière page
ISBN: 978-3-8381-8829-4

Zugl. / Agréé par: Montpellier, Université Montpellier II, 2007

Avant propos

Mes remerciements s'adressent en premier à mes directeurs de thèse Jean-Dominique Durand et François Bonhomme qui ont su me motiver, m'encourager et me faire avancer. Leurs qualités scientifiques et pédagogiques m'ont guidé et m'ont toujours permis d'aller plus loin. Jean-Dominique a fait preuve d'un soutien moral et matériel sans faille et a toujours su exprimer sa confiance en moi, non seulement dans les moments de succès mais aussi dans les moments difficiles. Tout au long de ma formation à la recherche à commencer par mon DEA, j'ai pu bénéficier de son expérience, de ses qualités scientifiques et de ses conseils judicieux. Sa rigueur scientifique et ses encouragements ont été décisifs pour l'aboutissement de ce travail.

François a eu confiance en moi dès le début et m'a offert l'opportunité de réaliser cette aventure en acceptant de diriger ma thèse. Ses qualités scientifiques, son ouverture d'esprit et l'intérêt qu'il a toujours porté à mon travail ont éveillé en moi le goût de la recherche. Je lui exprime ma reconnaissance pour n'avoir jamais compté son temps malgré ses multiples occupations, spécialement lors des phases de rédaction des articles et du manuscrit de thèse.

Je tiens à remercier Mr. Jean Laroche et Mr. Patrick Prunet, de m'avoir fait l'honneur d'accepter d'être les rapporteurs de cette thèse et pour être venus à Montepllier pour juger mon travail. Mes remerciements vont aussi à Mr. Omar Thiom Thiaw d'avoir fait le déplacement pour juger ce travail. Sa présence témoigne encore l'intérêt qu'il a toujours eu pour mon travail. Je suis particulièrement sensible au soutien qu'il apporte à ses étudiants, à la compréhension et à la disponibilité dont il fait preuve. Je lui pris de trouver ici le témoignage de ma haute considération et de ma profonde gratitude

Je remercie Jean-François Baroiller, Helèna D'Cotta et Elodie Pepey du CIRAD pour m'avoir accueilli et permis de réaliser une partie de mes travaux dans leur laboratoire. Leur soutien matériel et moral a beaucoup contribué à l'aboutissement de ce travail.

Je présente mes sincères remerciements à toute l'équipe de l'unité de recherche « RAP » particulièrement à Mr. Raymond Laë, Directeur de l'UR de m'avoir accepté dans son unité. Je suis très reconnaissant d'avoir bénéficié des opportunités de son équipe pour la réalisation de ce travail.

Je voudrais témoigner ici ma reconnaissance à Jean-François Agnèse, Bruno Guinand, Patricia Mouilleau, Jacques Panfili pour avoir accepté d'être membres du comité de pilotage de ma thèse. Leurs remarques et suggestions ont permis à une meilleure orientation de cette thèse.

J'adresse mes vifs remerciements à Julien de Lorgeril qui m'a beaucoup aidé sur les différentes techniques que j'ai utilisées dans cette thèse. Je le remercie surtout pour les nombreuses et profondes discussions et réflexions que nous avons échangées, ainsi que pour ses qualités scientifiques. Son soutien moral a été sans faille et m'a permis de surmonter et de surpasser les moments difficiles. Je lui exprime ma parfaite reconnaissance.

Mes remerciements s'adressent également à toute l'équipe du département biologie intégrative de l'ISEM qui m'a accompagné tout au long de cette aventure : Eric Desmarais, David McKenzie, Guy Claireaux, Nicolas Bierne, Marie-Thérèse Augé, Frédéric Lecomte, Annie Orth, Isabelle Delassere.

Merci à tous les membres du Laboratoire Réponses immunitaires de de l'Université Montpellier II pour leurs conseils et surtout pour leur sympathie: Evelyne Bachère, Viviane Boulo, Delphine Destoumieux-Garzón, Yannick Gueguen, Marc Leroy, Thierry Noel, Jean-Luc Rolland, Bernard Romestand.

J'associe à mes remerciements tous les camarades et amis thésards de Sète et de Montpellier Matthieu Faure, Nolwen Quéré, Hassan Rajabi Maham, Audrey Rohfritsch, Ngolo Ouattara, Gamou Fall, Catherine Breton, Aurelie Prunet, Sténafo Marasse, Pablo Torico, Zenagui Reda, Schmitt Paulina, Anita pour m'avoir aidé à supporter la nostalgie de mon pays. Mes remerciements vont également aux étudiants de master que j'ai eu à connaître à Sète et qui m'ont toujours remonté le moral : Eirini Vagena, Anais Didier, Tiphanie Rivière, Maeva.

Je remercie très vivement tous le personnel de la Station Biologique de Sète particulièrement Yolande Giner, Cathy, Jean-François, Marie-Odile Castelnau de m'avoir traité comme leur fils durant tout mon séjour à la station. Ils ont su me remonter le moral pendant les moments difficiles. Qu'ils trouvent ici le témoignage de ma parfaite reconnaissance et de ma profonde gratitude.

Je prie mes camarades doctorants de Dakar, Justin Kantoussan, Ndombour Gning, Mamady Guèye, Moussa Guèye, Khady Diouf, Samba Ka, Mamady Guèye, Djibi Faye, Modou Thiaw de trouver ici l'expression de ma gratitude et de ma sympathie pour tous.

Je tiens à remercier aussi Khady Diop pour m'avoir beaucoup aidé sur le terrain lors de mes campagnes d'échantillonnage. Son soutien a été capital pour l'avancée de mes travaux. Mes remerciements vont aussi à Carole Escaravage de m'avoir beaucoup aidé à corriger les fautes d'orthographe de ce manuscrit aussi également pour le soutien qu'elle m'a toujours manifesté à travers des encouragements. Merci aussi à mes amis Dioumacor Fall et Issa Faye de m'avoir soutenu.

Sommaire

1

Liste des figures et tableaux

Glossaire

ACP	Analyse en Composantes Principales
ADN	Acide Désoxyribonucleique
ADNc	AND complémentaire
ARN	Acide ribonucleique
ARNm	ARN messager
ATP	Adénosine triphosphate
CAP3	Contig Assembly Program
CFTR	Cystic Fibrosis Transmembrane conductance
CT	Threshold Cycle
DO	Densité Optique
EST	Expressed Sequence Tag
FIS	Coéficient de consanguinité
FST	Indice de différenciation
GH	Growth Hormone
GO	Gene Ontology
G3PDH	Glyceraldehyde-3-phosphate
Hb	Hémoglobine
IGF	Insulin-like Growth Factor
LTP	Long Terminal Repeat
NADH	Nicotinamide Adenine Dinucleotide réduit
NCBI	National Center for Biotechnology Information
NKCC	Na+/K+/2Cl- Cotransportor
PCR	Polymerase Chain Reaction
ppm	parts par millions
PSU	Practical Salinity Unit
PRL	Prolactine
RT-PCR	Reverse Transcriptase PCR
SSH	Suppression Substractive Hybridization
TAE	Tris-Acétate EDTA

Titre : **Mécanismes d'acclimatation et effets sélectifs liés aux variations de salinité chez le tilapia,** *Sarotherodon melanotheron* **(Téléostéen, Cichlidae)**

Résumé

Le tilapia *S. melanotheron*, poisson ubiquiste des estuaires ouest africains est caractérisé par une extrême euryhalinité même si au delà d'une certaine valeur, la salinité provoque un ralentissement de la croissance et une précocité de la reproduction. Les différences de croissances liées à la salinité ont été interprétées comme étant le résultat d'une plasticité phénotypique plutôt que celui d'un isolement génétique entre populations. L'objectif de ce travail était de rechercher les bases physiologiques et génétiques de l'acclimatation au stress induit par les variations de salinité chez *Sarotherodon melanotheron*.

Les mécanismes moléculaires associés à l'acclimatation chronique de *S. melanotheron* à la salinité ont été appréhendés par la combinaison d'analyses de populations expérimentales et naturelles. L'approche expérimentale a consisté en des expériences de transfert eau de mer/eau douce et eau de mer/eau hypersalée suivies de la réalisation de banques SSH, une à 0 psu et une à 70 psu. Cette approche a permis d'identifier les gènes et de définir des voies métaboliques associées à l'acclimatation à l'eau douce et à l'eau hypersalée. L'étude en milieu naturel a consisté à explorer par une analyse de PCR en temps réel, le rôle de certains gènes chez six populations vivant dans un spectre de salinité de 0 à 101 psu. Les populations analysés proviennent essentiellement des estuaires du Saloum (Sénégal) et de la Gambie, qui en plus des variations spatiales, sont caractérisés par des variations temporelles de la salinité. L'analyse a été effectuée sur des échantillons collectés en saison sèche et en saison des pluies afin d'évaluer l'influence de la variation saisonnière de la salinité dans les estuaires sur le profil d'expression des gènes. La croissance et la condition des individus a été mesurée pour d'une part caractériser les effets de l'environnement sur les traits de vie des populations et d'autre part évaluer les relations entre ces traits et le profil d'expression des gènes.

Les niveaux d'expression des gènes sont significativement plus élevés chez les poissons vivant dans les salinités extrêmes où l'ont remarque les facteurs de condition et les croissances les plus mauvaises. Ces résultats suggèrent qu'il existe chez *S. melanotheron* en situation de faible ou forte salinité une compensation (*trade of*) entre croissance et reproduction d'une part et synthèse de protéines impliquées dans le maintien de l'homéostasie d'autre part. Ceci à cause d'une réallocation probable de l'énergie initialement destinée à la croissance et à la reproduction au profit de l'osmorégulation. Par ailleurs, l'analyse de l'expression des gènes a montré une importante variation interindividuelle aussi bien en condition expérimentale que naturelles, qui reflèterait des différences biologiques entre individus. Même si la part de la composante génétique de cette variation n'est pas clairement définie, les plus faibles variations interindividuelles dans les salinités intermédiaires associées à des variations intra populationnelles supérieures aux variations inter populationnelles laissent suspecter l'existence d'effets sélectifs.

Title: Acclimatisation mechanisms and selective effects related to variations in
water salinity in the black-chinned tilapia, *Sarotherodon melanotheron*
(Teleost, Cichlidae)

Abstract

The black-chinned tilapia *Sarotherodon melanotheron,* which is present in all
West-African estuaries, is characterised by an extreme euryhalinity. However,
beyond a threshold of high at very high salinity, there is impaired growth and
precocious reproduction. These impairments have been interpreted as the result of
phenotypic plasticity rather than genetic isolation between populations. In this
study, we tested this hypothesis by investigating the physiological and genetic basis
of acclimatisation by *S. melanotheron* to extreme salinities prevailing in their
environment.

The molecular mechanisms associated with chronic acclimatisation of *S.
melanotheron* to salinity were investigated in both experimental and natural
populations. The experimental approach consisted of transferring fish from
seawater (37 psu) to freshwater (0 psu) and from seawater to hypersaline water (70
psu) and preparing cDNA libraries from them following 45 days under these
conditions. Using these cDNA, two SSH libraries were constructed, one comprising
the genes only expressed at 0 psu and the other comprising those only expressed at
70 psu. This approach revealed candidate genes and their metabolic pathways
associated with acclimatisation to either fresh- or hypersaline water. We then
investigated these candidate genes in various natural populations living in a salinity
spectrum ranging from 0 to 101 psu, using real time PCR analysis. The populations
analysed came from the Saloum (Senegal) and the Gambia estuaries, where one

finds not only salinity gradients but also seasonal variations in salinity. In order to evaluate the influence of the seasonal variation in the estuaries on the gene expression profile, the analysis was carried out on samples collected in both the dry season and the rainy seasons. The growth rate and the condition index of the individuals were measured to characterise the effects of the environment and were also used to detect possible relationships between these features and the gene expression profile.

The levels of expression of the candidate genes were significantly higher in fish living in extreme salinities, where the lowest condition index and growth were obtained. These results indicate the existence of a trade-of between growth/reproduction versus the protein synthesis needed to maintain osmotic homeostasis in *S. melanotheron* when confronted with low or high salinity. This is reasonable because the energy initially intended for growth and the reproduction has to be reallocated to osmoregulation in order to survive. At the population level the gene expression analysis revealed a marked individual diversity in both experimental and natural fish, which may reflect biological differences between individuals. Although the genetic component underlying this variation cannot be clearly defined with the present dataset, the lowest diversity in the gene expression found at intermediate salinities associated to the highest intra-population variation of certain of these genes points to the existence of selective effects.

Introduction Générale

I.1. Milieux estuariens : pressions et contraintes environnementales

Les estuaires sont définis comme étant des masses d'eau côtière partiellement fermées formant un lien entre le domaine marin et les milieux dulçaquicoles et dans lesquels l'eau de mer est diluée de façon mesurable par l'eau douce provenant des précipitations et des eaux de ruissellement terrestres (Pritchard, 1967). Les estuaires sont des systèmes physiques et écologiques dynamiques dont la géomorphologie dépend de la balance entre les influences marines (marée, courant littoral, houle) et continentales (courant, entrée d'eau douce et de sédiments). Cette balance permet de définir un continuum de structure allant des lagunes, caractérisées par une prédominance des influences marines, aux deltas où les influences continentales prédominent. Au sens strict du terme, l'estuaire correspond à la portion entre ces deux formations extrêmes où les influences marines et continentales sont en équilibres.

Les milieux estuariens constituent des zones de grande attractivité pour les poissons du fait de la présence de ressources alimentaires importantes et diversifiées (Vidy, 2000). Ce sont des zones d'alimentation et de croissance privilégiées mais également des refuges en particulier contre les prédateurs (Blaber et al., 1990; Whitfield, 1990). Bien que présentant une importance écologique considérable, les milieux estuariens sont de plus en plus menacés par la dégradation des conditions climatiques (déficits pluviométriques, évaporations importantes) (Pagès and Citeau, 1990; Diouf, 1996). De telles perturbations entrainent des fluctuations extrêmes des facteurs physico-chimiques (salinité, température, l'oxygène dissout etc..), qui sont aggravées par la situation d'interface des estuaires qui leur permet de recevoir à la fois les influences marines et fluviales. Ainsi dans les estuaires tropicaux par exemple, les conditions estuariennes sont plus proches de l'eau douce en saison des pluies où les apports en eau douce sont considérables alors qu'elles deviennent plus proches de celles de l'eau de mer en saison sèche. Ces modifications des conditions environnementales ont conduit dans certaines zones à l'inversion du gradient de salinité des estuaires (Pagès and Citeau, 1990). A ces perturbations naturelles, s'ajoutent les pressions anthropiques liées à des activités humaines et/ou à l'arrivée de polluants de diverse nature (Whitfield and Elliott, 2002).

La diminution de la qualité de ces habitats indispensables pour la survie, la croissance et la réalisation du cycle biologique complet d'un grand nombre d'espèces de poissons est susceptible d'affecter le recrutement des larves et par conséquent la taille des populations. En outre, les oscillations naturelles des facteurs physicochimiques constituent des contraintes physiologiques auxquelles les poissons doivent faire face. Elles impliquent donc que les organismes vivant dans ces milieux et celles qui y vont pour se nourrir et grandir, aient développé des mécanismes d'adaptation leur permettant de perdurer et d'assurer certaines de leurs fonctions vitales comme la reproduction et la résistance aux pathogènes.

I.2. Notions de stress, d'acclimatation et d'adaptation

Les perturbations environnementales peuvent dans certains cas conduire à une situation de stress qui, suivant son intensité et sa durée engendre une série de perturbations physiologiques et la mise en place de mécanismes de résistance. Le concept de stress englobe plusieurs phénomènes observés à diférents niveaux d'organisation allant de la cellule à l'écosystème en passant par l'organisme et la population (Bonga 1997). Même si la définition du stress est sujette de nombreuses contreverses, il est souvent considéré comme la condition dans laquelle l'équilibre dynamique d'un organisme est menancé ou perturbé sous l'action de stimili intrinsèque ou extrinsèque (Chrousos and Gold, 1992; Bonga, 1997). Les premières réponses au stress induit par les changements environnementaux connues sous le nom de réaction d'alarme se font à l'échelle de l'individu. Cette réaction commence par un choc physiologique résultant de la stimulation des organes de défense entrainant ainsi une altération de l'équilibre fonctionnel. Si ce choc n'est pas fatal pour l'organisme en question, ce dernier peut se résaisir et mettre en jeu des mécanismes de résistence correspondant à la réaction d'urgence de courte durée dont le but est de favoriser l'évitement des stimuli à l'origine du stress. Les mécanismes de contrôle neuro-endocrinien de cette phase chez les poissons sont comparables à ceux décrits chez les mammifères et les autres organismes terrestres et implique essentiellement une activation du sytème orthosympatique et la libération dans le sang d'hormones (adrénaline, noradrénaline).

Si la perturbation environnementale persiste, l'organisme entame une phase de résistance en mobilisant toutes ses réserves énergétiques afin de retrouver un nouvel équilibre (Bonga, 1997; Arends *et al*., 1999). Au niveau endocrinien, cette phase est caractérisée par une activation et la libération d'hormones glucocordicoïdes destinées à mobiliser les réserves énergétiques sous forme d'hydrate de carbone et de ménéralocorticoïdes destinées à maintenir l'homéistasie ionique. Cette deuxième réponse qui implique essentiellement des changements physiologiques et métaboliques et qui permet à l'organisme de retrouver l'équilibre est perçue comme une acclimatation. Cependant les effets de la variation des conditions environnementales sur les individus dépendent non seulement de son intensité mais également de sa rapidité. Lorsque la variation est rapide, seuls les individus qui ont des limites de tolérance supérieures vont persister, les autres disparaissent. En revanche, si la variation est lente les organismes peuvent dans ce cas adapter progressivement leurs limites de tolérance au facteur variant. L'acclimatation est un processus plus ou moins rapide et réversible.

Enfin, la perturbation environnementale peut atteindre un degré tel qu'elle réduit la fitness (croissance, reproduction, résistance immunitaire) de certains individus. Dans ce cas, cette perturbation devient une force sélective, qui à l'échelle de la population induit des modifications de la diversité génétique au niveau des gènes les plus sollicités dans la réponse au stress s'il s'avère que ceux-ci sont polymorphes. Cette dernière réponse est alors perçue comme une réponse adaptative (au sens darwinien du terme). L'adaptation est définie comme étant la conséquence génétique des modifications subies par les organismes soumis à un stress ou une pression environnementale d'origine biotique ou abiotique. Elle correspond à l'aboutissement de l'évolution sous l'effet de la sélection naturelle d'un trait anatomique, comportemental ou d'un processus physiologique. Ce trait doit avoir amélioré la survie et le succès reproducteur de l'organisme pour être considéré comme adaptatif. L'adaptation est un phénomène généralement lent. Il faut noter cependant qu'en physiologie le terme adaptation est souvent employé pour décrire les changements compensatoires et à court terme en réponse à une perturbation environnementale (Garland and Carte, 1994), nous lui avons ici préféré le terme d'acclimatation, pour séparer nettement les deux processus.

L'acclimatation et l'adaptation peuvent avoir des bases génétiques (Schulte, 2004). L'acclimatation peut impliquer des changements des niveaux d'expression des gènes mais elle peut impliquer aussi l'expression différentielle de gènes distincts mais homologues (isoformes) (Allegrucci et al., 1994). Quant à l'adaptation, elle est généralement le fruit de modifications génétiques avantageuses. Elle peut résulter de la sélection de gènes qui sont différentiellement régulés ou celle de gènes qui sont régulés de la même manière mais dont les protéines codées possèdent des propriétés différentes (Crawford et al., 1999; Schulte, 2004). S'il est relativement aisé d'identifier les bases de l'acclimatation, il

19

est généralement difficile de trancher et de déterminer la composante génétique d'un comportement adaptatif (Feder et al., 2000).

I.3. Contexte et problématique

Le réchauffement climatique global observé depuis la fin du XXe siècle a engendré de nombreuses modifications des écosystèmes aquatiques (Fee *et al.*, 1996; Schindler, 2001; Arnott *et al.*, 2003). L'Afrique de l'Ouest a été particulièrement affectée par ces importants changements climatiques pendant ces dernières décennies (Pagès and Citeau, 1990). Dans la zone sahélienne, ces perturbations ont abouti à une diminution récurrente des précipitations, principales sources d'alimentation des estuaires en eau douce (Pagès and Citeau, 1990). La diminution des apports en eau douce associée à l'importante évaporation a conduit à une augmentation de la salinité de certains estuaires, provoquant au Sénégal l'inversion du gradient de salinité des estuaires du Saloum et de la Casamance (Pagès and Citeau, 1990; Pages and Lemoalle, 1995). Ainsi, au lieu d'observer une diminution de la salinité d'aval en amont, la salinité augmente parfois jusqu'à des valeurs extrêmes (140 psu pour le Saloum). De telles modifications environnementales peuvent avoir des conséquences importantes sur les peuplements et les populations de poissons (Vega-Cendejas and Hernandez de Santillana, 2004; Panfili *et al.*, 2006; Whitfield *et al.*, 2006). Le peuplement ichtyologique observé dans les milieux hypersalés n'est constitué que d'une fraction du peuplement estuarien située plus en aval. Si ces milieux paraissent plus favorables au regard des interactions compétitives, leurs caractéristiques physico-chimiques (salinité, oxygénation, température) constituent des contraintes physiologiques considérables. Ainsi, certaines espèces de poissons présentent des modifications écophysiologiques ou comportementales remarquables avec par exemple un ralentissement de la croissance et/ou une reproduction précoce, comme cela a pu être observé pour deux espèces de poissons estuariens, *Ethmalosa fimbriata* et *Sarotherodon melanotheron*, vivant dans les zones les plus salées de l'estuaire du Saloum au Sénégal (Panfili et al., 2004a; Panfili et al., 2004b). Cette réponse a été caractérisée comme étant le résultat d'une plasticité phénotypique plutôt que celui d'un isolement reproducteur (Panfili *et al.*, 2004b; Durand *et al.*, 2005). Cela dit, cette réduction de la croissance ne pourrait être qu'une conséquence d'une importante allocation d'énergie à l'osmorégulation. La croissance serait directement affectée par le surcoût énergétique engendrée par le maintien de l'équilibre hydrominéral (Boeuf and Payan, 2001). En effet, dans des conditions environnementales défavorables les poissons euryhalins doivent maintenir l'homéostasie de leur milieu intérieur grâce aux mécanismes de l'osmorégulation tout en continuant à assurer les autres fonctions. Cette course pour le maintien de l'équilibre homéostatique est également obligatoire pour les espèces sédentaires soumises à des variations temporaires de la salinité de leur milieu. Théoriquement, le coût énergétique le plus faible pour l'osmorégulation devrait être observé quand la pression osmotique du milieu extérieure est proche de celle du milieu intérieur du poisson. Ce coût est estimé, selon les auteurs entre 10 et plus de 50 % du métabolisme basal (Febry and Lutz, 1987; Boeuf and Payan, 2001). La consommation d'énergie augmenterait en conditions hypo-osmotique et hyper-osmotique proportionnellement à l'augmentation de la différence osmotique entre le milieu ambiant et le milieu intérieur de l'animal. Cette énergie servirait au fonctionnement des pompes (Boeuf and Payan, 2001) qui assurent le transport actif des ions au niveau des cellules branchiales et à la synthèse de nouvelles protéines. Face aux variations rapides des conditions environnementales, la modulation de l'expression des gènes est la principale composante de l'acclimatation des espèces qui les subissent (Schulte, 2001; Gibson, 2003; Townsend *et al.*, 2003). La séquence des gènes de structure étant essentiellement fixée, la modulation de l'expression des gènes demeure la première option de réponse aux changements environnementaux à l'échelle individuelle. Ainsi, l'analyse des profils d'expression se révèle un outil intéressant pour appréhender de manière globale l'influence des facteurs environnementaux sur la variabilité d'un caractère chez un organisme. En effet, la comparaison de l'expression des gènes pourrait permettre de mieux comprendre les différences phénotypiques observées entre populations ou entre individus.

I.4. Choix du milieu

Les milieux étudiés dans cette thèse sont principalement constitués par les estuaires du Saloum (Sénégal) et de la Gambie. Les stations marines de la baie de Hann et d'eau douce du lac de Guiers sont considérées comme des milieux de référence. La salinité de l'eau dans ces milieux est constante, sans aucune variation tant spatiale que temporelle. A l'instar de la salinité, les autres facteurs physicochimiques comme la température et l'oxygène dissout semblent être homogènes, sans variations considérables entre les sites (Guèye, 2006). Par conséquent, nous nous limiterons uniquement à la description des estuaires du Saloum et de la Gambie où les facteurs physicochimiques sont variables

I.4.1. Situation géographique des estuaires du Saloum et de la Gambie

L'estuaire du Saloum, avec une superficie de 29 720 km² (Bousso, 1996), est situé à 100 km de Dakar entre 13° 55'' et 14°10'' de latitude nord et entre 16°03'' et 16°50'' de longitude ouest. L'estuaire est constitué de trois principaux bras qui sont du sud au nord : le Bandiala, le Diomboss et le Saloum (**Fig. 1**). Ces trois bras sont interconnectés par de petits bras d'eau localement appelés « bolongs ». La description détaillée de cet estuaire est disponible dans Diouf (1996).

L'estuaire de la Gambie, avec un bassin versant de 78 000 km2 se situe entre 13° et 14° de latitude nord et entre 15° et 17° de longitude ouest. Le fleuve Gambie prend sa source dans le Fouta Djalon, situé sur le plateau de la Guinée. Il coule sur près 1200 km dans le Sénégal oriental avant d'entrer en Gambie dans ses 500 derniers kilomètres (Dorr, 1985; Albaret *et al.*, 2004).

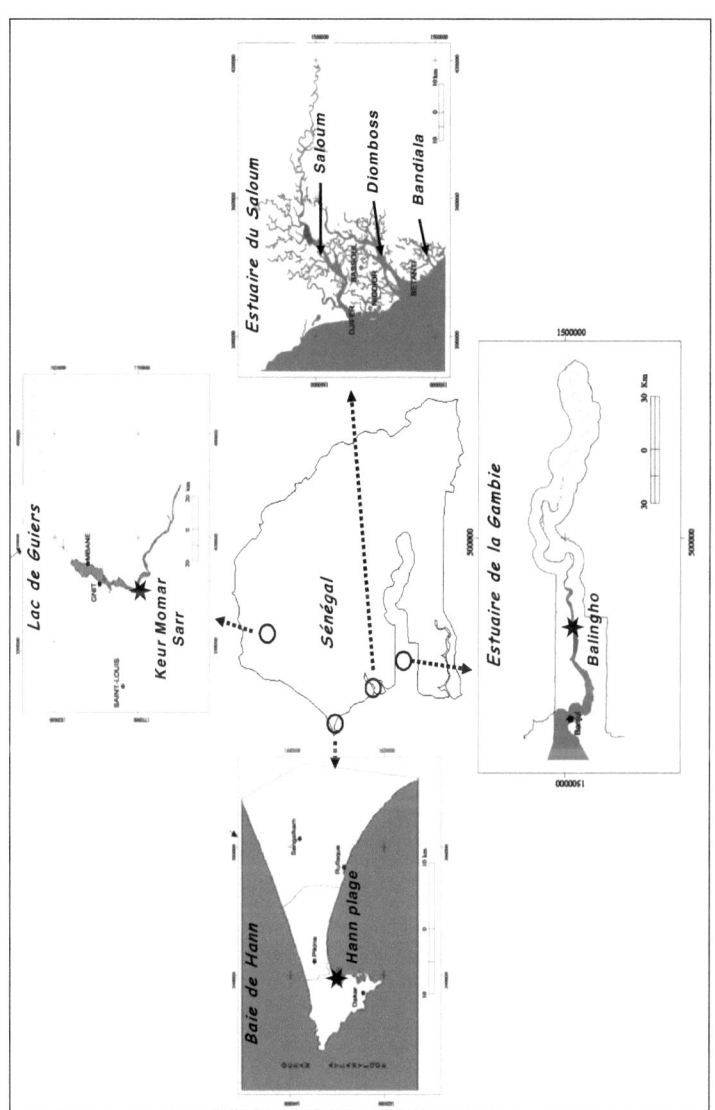

Figure 1 : Situation géographique des sites de notre étude

I.4.2. Les réseaux hydrographiques

Le Saloum ne reçoit aucun apport d'eau douce de grande envergure hormis les précipitations qui ne durent que 4 mois dans cette région. Sa faible pente, toujours inférieure à 0,6%, limite aussi l'arrivée des eaux de ruissellement dans l'estuaire. Contrairement au Saloum, la Gambie reçoit plusieurs apports en eau douce provenant de plusieurs affluents dont les plus importants sont le Niokolo-Koba, le Sandougou, le Tiokaye, le Diarha et le Koulountou (Lamagat et al., 1990). Grâce à sa forte pente et à un débit relativement élevé comparé au Saloum, la Gambie bénéficie des apports en eaux douces qui refoulent l'eau salée vers la mer pendant plus de la moitié de l'année (juillet à février). Les différences de quantité des apports en eau douce des estuaires du Saloum et de la Gambie ont sans doute des influences sur les taux de salinité et le mode de fonctionnement de ces estuaires.

I.4.3. La pluviométrie

La partie sahélienne de l'Afrique de l'Ouest est caractérisée par une alternance de deux saisons, une saison sèche et une saison des pluies dont les durées varient suivant les localités. Dans la région du Sine Saloum la saison sèche dure 8 mois, elle est froide de novembre à mars et chaude d'avril à juin. La saison des pluies qui est essentiellement chaude et humide, dure de juillet à octobre.

La région gambienne est caractérisée par le même type de climat à la seule différence que la saison des pluies est plus longue car elle dure de juin à octobre. Les moyennes annuelles de précipitations enregistrées dans cette région montrent des déficits pluviométriques entre 1986 et 1996, résultant des nombreuses sécheresses qui se sont produites dans la région pendant cette période (Pagès and Citeau, 1990; Marius, 1995). Cette diminution récurrente des précipitations, qui a été décrite par Diouf (1996) n'est pas sans conséquences sur les systèmes aquatiques, spécialement sur les estuaires dont l'hydrodynamisme dépend de l'équilibre entre les flux d'eau douce et les influences marines.

I.4.4. L'évaporation

La région sahélienne de l'Afrique de l'Ouest est caractérisée par des évaporations importantes dont les variations saisonnières sont corrélées avec celles des précipitations. Dans l'estuaire du Saloum, la moyenne des évaporations entre 1991 à 2005 était maximale en saison sèche tandis qu'elle était minimale en saison des pluies (Diouf, 2006). Au cours de cette même période, la moyenne annuelle des évaporations était largement supérieure à la moyenne annuelle des précipitations. Même si nous ne disposons pas de données sur les évaporations dans l'estuaire de la Gambie pour la même période, nous pouvons supposer que les taux d'évaporation sont légèrement différents entre ces deux régions du fait de la similarité des conditions climatiques. Les fortes évaporations caractéristiques de cette zone du sahel traduisent des déficits hydriques dont les effets sur la salinité des estuaires seraient non négligeables.

I.4.5. Salinité et fonctionnement des estuaires du Saloum et de la Gambie

Les caractéristiques géomorphologiques, les flux d'eau douce d'origine fluviale ou en provenance des précipitations et l'intensité de l'évaporation vont déterminer la salinité et le mode de fonctionnement de ces estuaires. Au Saloum, l'approvisionnement limité en eau douce et l'évaporation favorisent la pénétration et la remontée des eaux marines dans l'estuaire entraînant une augmentation globale de la salinité de l'eau. Cette situation a fini par installer des conditions d'estuaire inversé avec une salinité de l'estuaire toujours plus importante que celle de l'eau de mer et qui augmente d'aval en amont où elle peut atteindre plus de 130 psu **(Fig. 2)**. Contrairement au Saloum, les apports en eau douce sont importants en Gambie et largement supérieurs aux pertes par évaporation. Ainsi, la Gambie garde son caractère d'estuaire normal avec des salinités qui diminuent d'aval en amont **(Fig. 2)**. Les salinités dans l'estuaire de la Gambie vont de l'eau douce à des valeurs légèrement supérieures à la salinité de l'eau de mer (39, 40 psu).

En outre, la salinité de ces estuaires présente des variations saisonnières qui sont corrélées avec les variations des précipitations. La salinité de l'eau est maximale en mai, à la fin de la saison sèche et minimale en octobre, période correspondant à la fin de la saison des pluies. Les amplitudes de ces variations peuvent aller de 10 à 40 psu et de 10 à 60 psu, respectivement dans les estuaires de la Gambie et du Saloum. En revanche, la salinité de l'eau est légèrement différente entre la surface et le fond aussi bien au Saloum qu'en Gambie (**Fig. 2**)

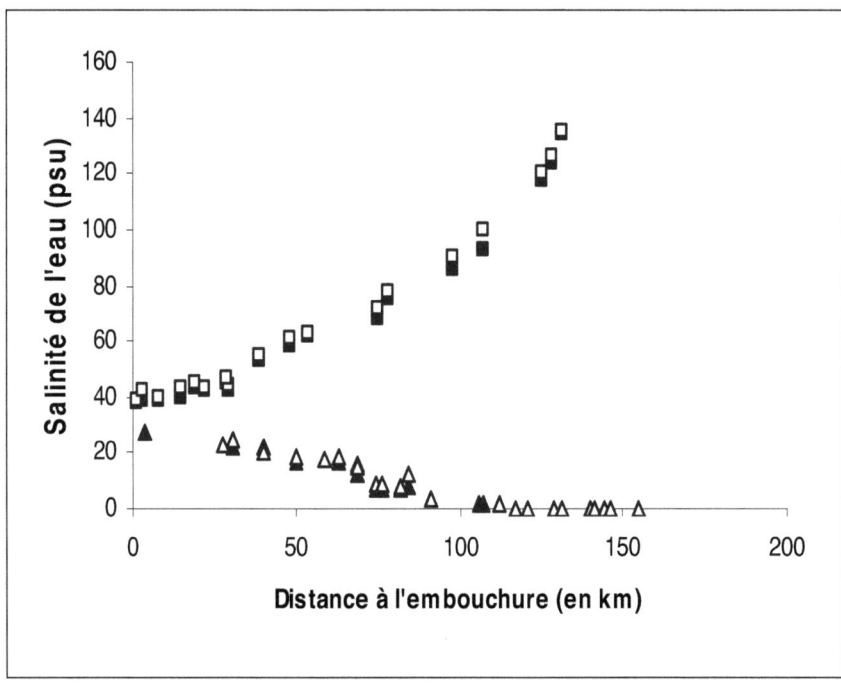

Figure 2: Evolution de la salinité de l'eau en fonction de la distance à la mer dans les estuaires de la Gambie : surface (Δ), fond (▲) et du Saloum : surface (□), Fond (■). Année 2003 (Source : base de données de l'UR « RAP »).

27

I.4.6. La température

La température de l'eau dans les estuaires du Saloum et de la Gambie présente des variations saisonnières pouvant être importantes. La température moyenne maximale a été notée en saison des pluies tandis que les plus faibles températures ont été enregistrées en saison sèche. En revanche, les variations spatiales de la température sont faibles. Dans l'estuaire du Saloum, la température moyenne de surface en saison sèche varie entre 25,6°C en amont et 27,3°C en aval (**Fig. 3**). A l'instar du Saloum, la moyenne des températures de surface dans l'estuaire de la Gambie, varie entre 23,8°C en amont et 30°C en aval (**Fig. 3**). Dans ces deux estuaires les différences de température entre la surface et le fond ne dépassent pas un degré (Albaret et al., 2004; Simier et al., 2004).

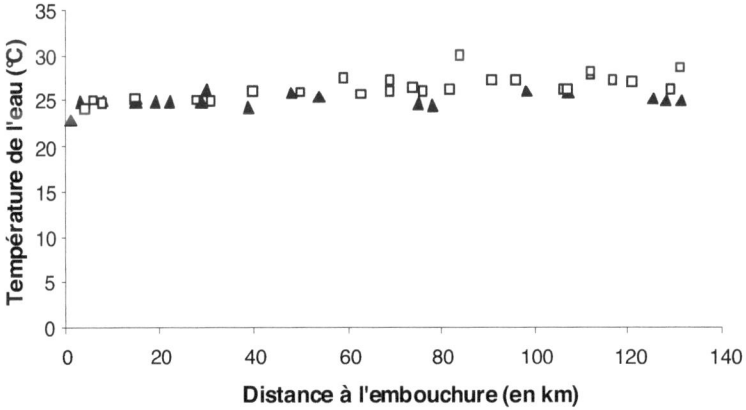

Figure 3: Evolution de la température de l'eau (surface) en fonction de la distance à la mer dans les estuaires de la Gambie (□) et du Saloum (▲). Année 2002. (Source : base de données de l'UR « RAP »).

I.4.7. La teneur en oxygène et pH

Les teneurs de l'eau en oxygène dissout au niveau de la surface sont toujours supérieurs à 50% aussi bien dans le Saloum que dans la Gambie. Au niveau du fond, les teneurs en oxygène dissout peuvent diminuer jusqu'à 55 et 60% respectivement dans le Saloum et dans la Gambie (**Fig. 4**). La teneur en oxygène dissout présente des variations saisonnières avec des valeurs plus élevées pendant la saison sèche et froide (Albaret et al., 2004). Il n'y a pas de différences notables de la teneur en oxygène dissout entre l'amont et l'aval aussi bien dans le Saloum que dans la Gambie (**Fig. 4**).

Les seules données disponibles sur le pH sont celles présentées dans la thèse de Diouf (1996) et portent uniquement sur l'estuaire du Saloum. Selon cet auteur, ce paramètre ne présente pas de grandes variations entre l'amont et l'aval de l'estuaire.

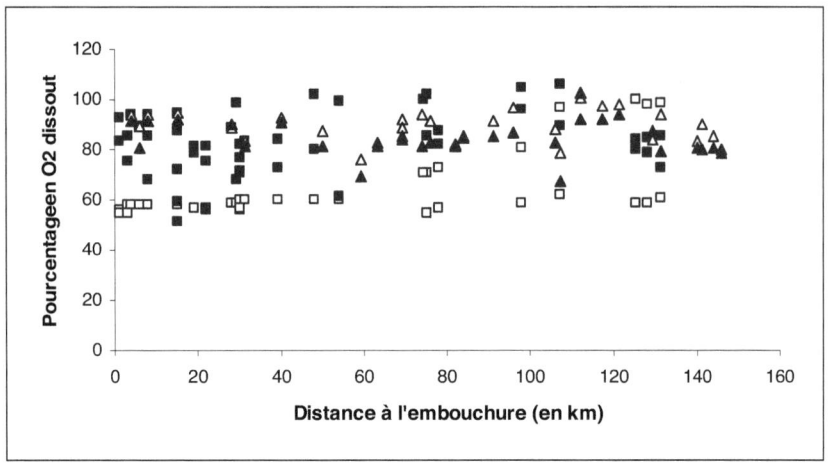

Figure 4: Evolution de la teneur en oxygène dissout de l'eau en fonction de la distance (en km) à la mer dans les estuaires de la Gambie : surface (Δ), fond (▲) et du Saloum : surface (□), fond (■). Année 2002. (Source : base de données de l'UR « RAP »).

En résumé, les variations de la température de l'eau dans les estuaires du Saloum et de la Gambie ne sont pas très différentes. L'ensemble de la région est caractérisé par le même régime de température durant toute l'année, ce qui fait que cette dernière est quasiment homogène dans les différentes stations de notre étude. L'oxygène dissout n'est jamais un facteur limitant pour les poissons dans ces deux estuaires. Le pourcentage d'oxygène dissout ne descend jamais en dessous du seuil pour lequel le métabolisme basal du tilapia est altéré (Mckenzie et al., 2003). Quant au pH, il ne présente non plus des variations considérables. La salinité de l'eau constitue vraisemblablement la principale contrainte environnementale dont les variations pourraient avoir des effets sur la biologie et l'écologie des poissons dans ces deux estuaires.

I.5. Choix du modèle biologique

I.5.1. Systématique et aire de distribution géographique

Le modèle biologique dans cette étude est le tilapia *Sarotherodon melanotheron heudelotti* (Rüppell, 1852). Le groupe des tilapias a fait l'objet de plusieurs classifications basées sur la morphologie, le mode de reproduction et la génétique. La plus récente classification basée sur les caractéristiques morphologiques et sur le mode de reproduction est celle proposée par Trewavas (1983), qui distingue trois groupes génériques:

- le genre *Tilapia* qui pond et fixe ses œufs sur le substrat,
- le genre *Oreochromis* caractérisé par une incubation buccale uniparental maternel,
- le genre *Sarotherodon* dont l'incubation est assurée à la fois par les mâles et les femelles.

Le genre *Sarotherodon* est constitué d'une dizaine d'espèces dont cinq seraient présentes en Afrique de l'ouest (Paugy et al., 2003). L'existence de deux espèces du genre *Sarotherodon* a été confirmée par les travaux de Falk et al.

(2003) sur 34 populations réparties sur l'ensemble de son aire de répartition ouest africaine. Selon ces auteurs, le genre *Sarotherodon* est constitué de deux groupes géographiquement distincts (**Fig.** 5) dont le temps de divergence est estimé entre 1,3 à 1,8 millions d'années environ (données cytochrome b et de la région de contrôle): *S. melanotheron* trouvé le long de la côte du Sénégal au Cameroun et *S. nigripinnis* présent du Gabon à l'embouchure du fleuve Congo. Selon les mêmes auteurs, l'espèce *S. Sarotherodon* est composée de trois sous-espèces (**Fig. 5**) : *S. m. heudelotii* présente du Sénégal à la Guinée, *S. m. leonensis* présente de la Sierra Leone à l'ouest du Libéria et en fin *S. m. melanotheron* rencontrée de la Côte d'Ivoire au Cameroun. Dans le cadre de cette étude, nous avons travaillé sur *Sarotherodon melanotheron heudelotti* même si le nom de la sous-espèce n'est pas toujours précisé.

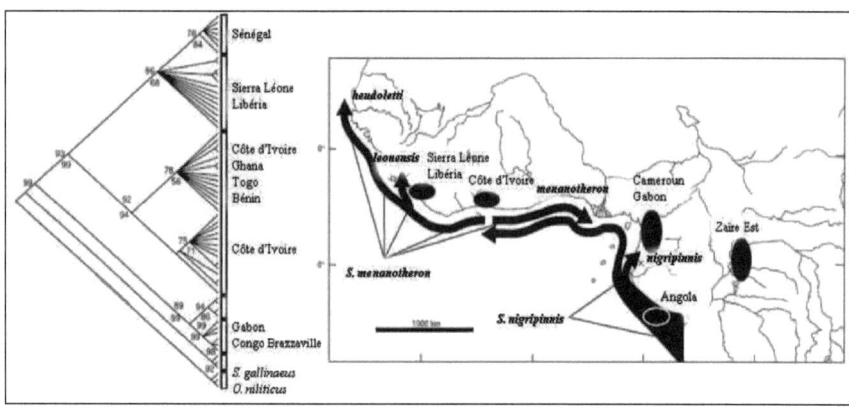

Figure 5: Classification et répartition géographique en Afrique de l'ouest du genre *Sarotherodon* d'après Falk et al. (2003).

I.5.2. Exigences écologiques

Le tilapia *S. melanotheron* est une espèce qui vit dans des milieux extrêmement variés puisque capable de tolérer de larges variations des paramètres environnementaux. Ainsi *S. melanotheron* se rencontre en milieu naturel à des températures allant de 18 à 33°C (Philippart and Ruwet, 1982). Selon les différentes expérimentations réalisées, la température minimale létale est comprise entre 6,9°C (Jennings, 1991) et 15°C (Stauffer, 1984). L'intervalle de température optimale pour sa reproduction s'étend entre 25 et 32°C (Finucane and Rinckey, 1964).

Le tilapia, *S. melanotheron* présente une grande tolérance à la fois aux déficits et aux saturations en oxygène dissout (Dussart, 1963; Philippart and Ruwet, 1982; Pullin and Lowe-McConnell, 1983). Comme la plupart des espèces de tilapias, *S. melanotheron* ne rencontre pas de difficultés métaboliques particulières si l'oxygène dissous de l'eau ne descend pas en dessous de 3 ppm. Cette espèce présente aussi une grande tolérance aux variations de pH (3,5 à 7,6) de son milieu (Campbell et al., 1986; Ouattara et al., 2003).

Le tilapia *S. melanotheron* est caractérisé par une extrême euryhalinité (Lemarié et al., 2004; Panfili et al., 2004b). Cette espèce peut survivre à des changements de salinité imposés par les expérimentations en conditions de laboratoire. Les adultes peuvent être transférés sans acclimatation de l'eau douce à l'eau de mer (Gilles, 2005). Sa gamme de tolérance à la salinité en milieu naturel s'étend de 0 à plus de 130 psu. Elle est aussi confrontée à des variations saisonnières de la salinité de son milieu avec des amplitudes pouvant aller jusqu'à 60 (Panfili et al., 2004b).

I.5.3. Reproduction et taille de maturité sexuelle

Le tilapia *S. melanotheron* est une espèce à incubation biparentale avec un sexe ratio biaisé en faveur des femelles (Koné and Teugels, 1999). En milieu naturel, *S. melanotheron* présente une reproduction continue au Togo (Laë et al., 1984) et dans de nombreuses autres lagunes du golfe de Guinée (Legendre and Ecoutin, 1989). En revanche, elle présente un cycle de reproduction saisonnier avec un pic au début de la saison des pluies (mai-juillet) dans les estuaires du

Saloum et de la Gambie. En conditions expérimentales, l'espèce se reproduit en permanence à une fréquence de 15 jours lorsque la température de l'eau est supérieure à 23°C (Gilles, 2005). Au delà de 60 psu, la salinité constituerait un facteur limitant pour la reproduction, une réduction de la taille à première maturité sexuelle ayant été observée dans les zones les plus salées de l'estuaire du Saloum. Il a été montré que les mâles de *S. melanotheron* atteignent la maturité sexuelle à des tailles plus petites que les femelles (Koné and Teugels, 1999).

I.5.4. Régime alimentaire

Le tilapia *S. melanotheron* est caractérisée par un régime alimentaire omnivore-détritivore. Les alevins se nourrissent du zooplancton tandis les adultes à tendance herbivore se nourrissent de macrophytes, necton, phytoplancton et de bactéries du sédiment (Gilles, 2005). Cette espèce est essentiellement zoo-benthophage en aval de l'estuaire du Saloum où elle se nourrit de périphyton (invertébrés benthiques fixés sur les racines de palétuviers) (Gning, 2004). Les invertébrés concernés sont les gastéropodes, les ostracodes, les siphonophores et les ascidies. En amont où la mangrove est absente, *S. melanotheron* se nourrit de dépôts sédimentaires composés de vase, de détritus et de quelques ostracodes (Gning, 2004). La capacité de *S. melanotheron* à changer de régime alimentaire suivant les conditions environnementales et le type de nourriture disponible est caractéristique d'une espèce opportuniste. Ainsi, la disponibilité de nourriture ne semble pas influencer la distribution géographique de cette espèce.

I.5.5. La croissance

L'espèce *S. melanotheron* présente une croissance discontinue caractérisée par une succession de périodes de croissance lente et de croissance rapide (Gilles, 2005). Elle présente une croissance lente comparée à d'autres espèces de tilapias comme *T. guineensis, O. niloticus, O. mossambicus*

(Legendre et al., 1989). Elle est caractérisée par une grande variabilité aussi bien entre individus qu'entre les sexes. Certains mâles cessent de croître complètement ou perdent considérablement du poids pendant les périodes de reproduction. Cette perte de poids est attribuée à la période d'incubation buccale pendant laquelle les mâles cessent de s'alimenter. Bien qu'ayant une grande tolérance à la salinité, ce paramètre semble avoir des influences sur la croissance de cette espèce (Panfili et al., 2004b).

En résumé l'espèce *Sarotherodon melanotheron,* caractéristique des estuaires et lagunes d'Afrique de l'Ouest, est rencontrée aussi bien dans les environnements dulçaquicoles, saumâtres, marins qu'hyperhalins. Au delà de son extrême euryhalinité (de 0 à 130 psu), l'espèce présente une grande tolérance aux variations de température et d'oxygène dissout. Son comportement territorial lié à ses capacités de dispersion limitées l'oblige à supporter les variations de la salinité de son milieu. Toutefois, au delà d'une certaine valeur, la salinité affecte certaines fonctions biologiques de l'espèce comme la croissance et la reproduction. Son comportement grégaire associé avec une reproduction à incubation buccale favorise la proximité génétique entre les individus. L'ensemble de ces raisons font du tilapia *S. melanotheron* un bon modèle pour étudier les mécanismes moléculaires de l'adaptation des poissons aux changements de salinité.

I.6. Objectifs et organisation du manuscrit

L'objectif de cette thèse consiste à rechercher les bases physiologiques et génétiques de l'acclimatation au stress induit par les variations de salinité chez *Sarotherodon melanotheron*. Car, si la salinité constitue un facteur limitant pour la croissance de cette espèce, les conséquences physiologiques et génétiques de l'augmentation de la salinité dans l'estuaire du Saloum demeurent inconnues. Cela renvoie à d'autres questions dont certaines seront abordées dans cette thèse :

> Quels sont les gènes différentiellement exprimés lors du transfert de *S. melanotheron* en eau douce et en eau hypersalée (70 psu)?

> Est ce que ces gènes sont exprimés de manière similaire dans des populations naturelles de *S. melanotheron* soumises à différentes salinités ?

> Existe-t-il un polymorphisme d'expression de ces gènes au sein de ces mêmes populations ?

Afin d'apporter des éléments de réponses à ces questions, différentes approches méthodologiques ont été envisagées. Plusieurs méthodes d'analyses moléculaires ont été développées pour identifier les gènes différentiellement exprimés notamment la SSH (*Suppressive Subtractive Hybridisation*) (Diatchenko et al., 1996), méthode qui a ouvert de réelles possibilités d'études de l'expression différentielle des gènes. Cette méthode a été combinée à une recherche dans la littérature de gènes impliqués dans l'osmorégulation pour identifier les gènes candidats à l'adaptation à la salinité. Par la suite, une validation du caractère différentiel de l'expression de certains gènes dans les populations expérimentales et naturelles a été effectuée par réaction de polymérisation en chaine (PCR) en temps réel. La variation interindividuelle de l'expression de ces gènes a été quantifiée aussi bien chez les populations expérimentales que naturelles.

La première partie de cette thèse (chapitre I) porte sur l'identification de gènes potentiellement impliqués dans l'acclimatation du tilapia *S. melanotheron* aux changements de salinité du milieu ambiant par une approche expérimentale. La deuxième partie (Chapitre II) relie les résultats acquis en conditions expérimentales et naturelles en définissant des groupes de gènes dont les rôles dans l'acclimatation à la salinité semblent être associés. La dernière partie

(Chapitres III à V) est consacrée à l'analyse en milieu naturel de l'expression de certains gènes dont le rôle dans l'acclimatation des poissons à la salinité a été prouvé en conditions expérimentales. Le chapitre III porte sur les rôles de la prolactine et de l'hormone de croissance dans l'acclimatation à la salinité en conditions naturelles. Le chapitre IV concerne l'analyse de l'expression et l'identification de liens entre certains gènes (Na$^+$, K$^+$-ATPase 1α, Voltage-dependent Anion Channel, Cytochrome C oxydase 1, NADH déshydrogénase) impliqués dans les mécanismes de transport d'ions et dans le métabolisme énergétique qui y est associé. Quant au chapitre V, il porte sur les rôles antagonistes de l'anhydrase carbonique et de la calmoduline dans l'adaptation chronique à la salinité.

Synthèse Bibliographique

II.1. Salinité et distribution des espèces dans les estuaires

Les estuaires sont des écosystèmes aquatiques formant un lien entre le domaine marin et les mileux dulçaquicoles. L'interaction des apports en eau douce et des arrivées d'eau de mer dans l'estuaire crée un hydrodynamisme essentiel pour le fonctionnement normal et la santé de l'estuaire. Il existe plusieurs types d'estuaires allant des lagunes aux estuaires côtiers mais ils partagent tous, une caractéristique commune qui est l'existence d'un gradient longitudinal de la salinité. Ce gradient d'amont en aval qui peut aller de 0 à 40 psu, forme des barrières permettant de diviser l'estuaire en plusieurs zones discrètes. Dans certains estuaires, la salinité peut atteindre plus de 100 psu (Sardella *et al*., 2004; Panfili *et al*., 2006; Whitfield *et al*., 2006). Une classification des eaux estuariennes sur la base de ce gradient permet de distinguer les eaux : oligohalines (0,5 ≥ salinité < 5), mésohalines (5 ≥ salinité < 18), polyhalines (18 ≥ salinité < 30), mixoeuhaline (30 ≥ salinité < 40), métahaline (40 ≥ salinité < 60-80), hyperhaline (60-80 ≥ salinité ≤ 300) (source : http://www.answers.com/topic/salinity).

Cette subdivision des estuaires en plusieurs zones semble dicter la distribution écologique des organismes (Henry, 2001). Ainsi, un grand nombre d'espèces marines est présent dans les zones mixoeuhalines même si on les trouve en faible proportion dans les eaux polyhalines. Les espèces marines sténohalines caractérisées par une faible tolérance à la baisse de salinité semblent être limitées aux eaux mixoeuhalines et polyhalines inférieures tandis que espèces marines euryhalines sont présentes dans toute cette gamme de salinité. Les espèces estuariennes strictes sont distribuées dans les eaux polyhalines et mésohalines. Quelques rares espèces sont capables de vivre dans des eaux de salinité inférieure aux eaux oligohalines. De la même manière, peu d'espèces parviennent à vivre dans des eaux dont la salinité est supérieure à celle des eaux métahalines. Les eaux oligohalines et métahalines semblent donc constituer des barrières physiques d'une part pour l'invasion des estuaires par les espèces d'eau douce et d'autre part par certaines espèces marines.

II.2. Osmorégulation

L'osmorégulation est un processus de maintien d'une concentration constante d'eau et de sels dans le sang. C'est un mécanisme fondamental pour la survie des organismes aussi bien en eau douce qu'en eau salée. Cependant, tous les organismes aquatiques ne sont pas capables de réguler leur équilibre hydrominéral consécutivement à des changements environnementaux. Ainsi, deux groupes d'organismes peuvent être distingués suivant leurs capacités à osmoréguler (**Fig. 6**) :

➢ les osmoconformes qui sont incapables de contrôler activement l'osmolarité de leur milieu intérieur qui suit celle du milieu ambiant.

➢ les osmorégulateurs qui maintiennent l'osmolarité de leur milieu intérieur constant en dépit des changements du milieu extérieur.

Deux types de téléostéens peuvent être distingués en fonction de la concentration de leur milieu intérieur par rapport à celle du milieu ambiant (**Fig. 6**) :

➢ les espèces hyperosmotiques qui comprennent la plupart des poissons vivant en eau douce. La concentration plasmatique de ces espèces est supérieure à celle du milieu ambiant, elles auront donc à faire face à des gains d'eau et à des pertes de NaCl.

➢ les téléostéens hypoosmotiques notamment les poissons marins qui ont une concentration en NaCl sanguine largement inférieure à celle du milieu extérieur.

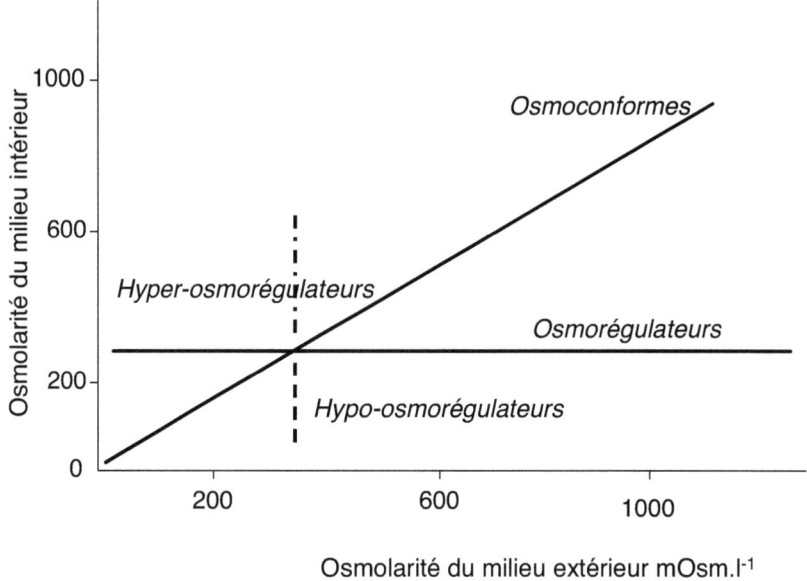

Figure 6: Réponse des organismes aquatiques à la salinité.

II.2.1. Osmorégulation chez les poissons osseux

Tous les poissons osseux (Ostéichtyens au sens classique) sont capables de réguler et de maintenir leur concentration osmotique constante quelques soient les changements du milieu ambiant. Ils appartiennent de ce fait au groupe des osmorégulateurs.

II.2.1.1. Regulation hyperosmotique

Les poissons d'eau douce ont un milieu intérieur hyperosmotique par rapport à leur milieu extérieur et sont donc confrontés à deux problèmes physiologiques. L'eau tend à entrer dans leur organisme suivant les lois de l'osmose et l'élimination du surplus d'eau s'accompagne d'une perte de sels. Pour compenser ces pertes, les poissons d'eau douce restreignent voir stoppent l'ingestion active d'eau (**Fig. 7**) afin de limiter la quantité d'eau qui entre dans l'organisme (Kobayashi *et al.*, 1983; Eckert *et al.*, 2001). En revanche, ils forment une urine abondante et moins concentrée en NaCl que dans le sang pour d'une part, éliminer l'eau entrant essentiellement par diffusion via les surfaces tégumentaires et d'autre part, limiter les pertes par diffusion du NaCl. Les apports alimentaires n'étant pas suffisants pour compenser les pertes en NaCl, ces poissons doivent absorber les ions Na^+ et Cl^- du milieu extérieur pour assurer le maintien de leur balance ionique. Cette fonction est assurée principalement par les branchies qui disposent de cellules spécialisées (cellules à chlorure) dans le transport actif des ions monovalents.

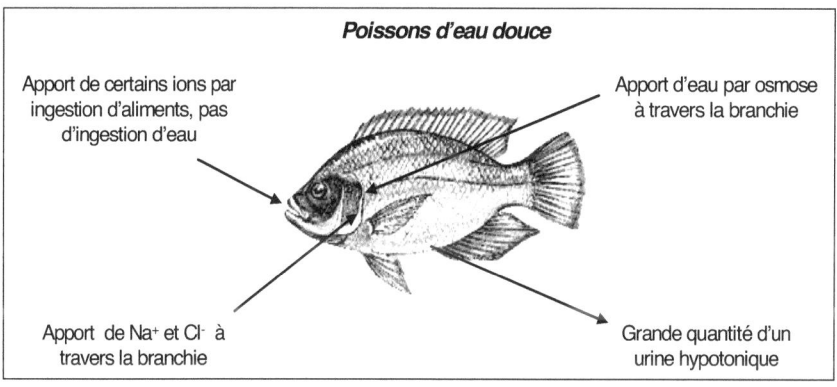

Figure 7: Régulation hydrominérale chez les poissons d'eau douce

II.2.1.2. Regulation hypoosmotique

Les téléostéens marins sont hypoosmotiques et sont donc confrontés en permanence à une perte d'eau et à un gain d'ions conformément aux principes de l'osmose. Ils compensent les pertes d'eau en buvant beaucoup, processus associé à une entrée de NaCl qui s'ajoute aux gains par diffusion via les téguments augmentant ainsi la quantité de sel dans l'organisme (**Fig. 8**). En revanche, ils forment une urine peu abondante qui est au mieux isotonique au milieu extérieur en NaCl (Norton and Davis, 1977) afin de ne pas aggraver les pertes d'eau. L'élimination par cette voie n'étant pas suffisante, les entrées par diffusion du NaCl sont principalement compensées par une excrétion active qui se fait pour l'essentiel au niveau des cellules de l'épithélium branchial.

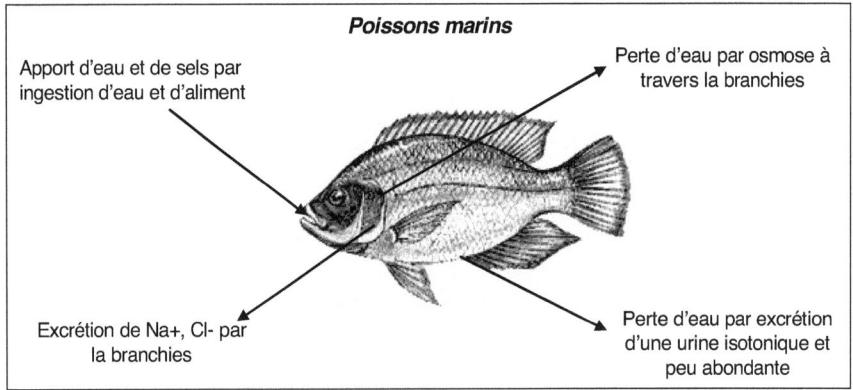

Figure 8 : Régulation hydrominérale chez les poissons marins.

II.2.2. Les principaux organes d'osmorégulation

Les principaux organes de l'osmorégulation chez les poissons sont les branchies, la membrane operculaire, la peau, le tractus gastro-intestinal, le rein et la vessie urinaire. L'implication de ces différents organes dans le maintien de l'équilibre hydrominéral a été largement étudiée (Hirano and Mayer-Gostan, 1976; Miyazaki *et al.*, 2002; Wilson and Lauren, 2002; Marshall and Grosell, 2005). Notre étude sur *Sarotherodon melanotheron* a porté essentiellement sur la branchie mais néanmoins en plus de cet organe, nous ferons une description somaire des autres impliqués dans l'osmorégulations.

II.2.2.1. Branchies des poissons

Les branchies jouent un rôle crucial dans le maintien de l'équilibre hydrominéral des poissons (Evans et al., 1999; Kelly and Woo, 1999; Wilson and Lauren, 2002). Elles sont en contact direct avec le milieu extérieur et représentent une grande surface d'échange. La lamelle secondaire de l'épithélium branchial des poissons est constitué de 4 types cellulaires : cellules piliers, à mucus, pavimenteuses respiratoires et ionocytes ou cellules à chlorure (Wilson and Lauren, 2002). Les cellules à chlorure interviennent dans le maintien de l'équilibre hydrominéral à travers l'extrusion des ions en conditions hyperosmotiques et leur absorption en conditions hypoosmotiques (Van Der Heijden et al., 1997; Evans et al., 1999; Wong and Chan, 1999). D'un point de vue histologique, ces cellules se caractérisent par une forte densité en mitochondries à cause des demandes énergétiques importantes liées au transport des ions monovalents. Elles sont également caractérisées par la présence de nombreux transporteurs (principalement l'enzyme Na+, K+-ATPase), canaux et co-transporteurs au niveau des membranes basolatérale et apicale.

II.2.2.1.1. Changements morphologiques et structuraux des cellules à chlorure

Les cellules à chlorure subissent des modifications quantitatives et structurales en fonction de la salinité environnementale (Shieh et al., 2003; Carmona et al., 2004). L'acclimatation à la salinité se traduit par un accroissement et une prolifération des cellules à chlorure ainsi qu'à des migrations cellulaires (Hiroi et al., 2005a; Hiroi et al., 2005b). Des cellules à chlorure supplémentaires recrutées à partir des cellules souches de l'épithélium primaire, s'ajoutent aux cellules préexistantes. De tels changements quantitatifs en réponse à l'augmentation de la salinité ont été observés chez *Fundulus heteroclitus* (Karnaky et al., 1976), les tilapias, *Oreochromis niloticus* et *O. mossambicus* (Cioni et al., 1991; Kültz et al., 1995), la daurade, *Sparus sarba* (Kelly and Woo, 1999) et l'anguille japonaise, *Anguilla japonica* (Wong and

Chan, 1999). Les cellules à chlorure subissent également une modification structurale pendant l'acclimatation à la salinité (Katoh and Kaneko, 2003). La surface apicale des cellules à chlorure de la truite fario (*Salmo trutta*) acclimatée à l'eau douce augmente avec l'apparition de microvillosités (Foskett et al., 1981; Katoh et al., 2001) alors qu'elle se réduit et demeure lisse chez les poissons acclimatés à l'eau de mer (Pisam *et al.*, 1987; Pisam *et al.*, 1990; Brown, 1992; Katoh *et al.*, 2001). D'un point de vue histologique (localisation et morphologie), il existe deux types de cellules à chlorure branchiales : les cellules α et β. Les cellules α, caractéristiques des poissons adaptés à l'eau de mer, sont localisées au niveau de la lamelle branchiale et sont fortement immunomarquées par les anticorps anti- Na^+, K^+-ATPase. En revanche les cellules β, présentes uniquement chez les poissons adaptés à l'eau douce, sont généralement rencontrées dans les régions interlamellaires et sont faiblement immunomarquées par les anticorps anti-Na^+, K^+-ATPase.

II.2.2.1.2. Le rôle de la Na^+, K^+-ATPase dans l'osmorégulation

La Na^+, K^+-ATPase est une molécule hétérodimère composée de deux sous-unités α et β, qui sont codées par des gènes différents. La sous-unité α contient tous les domaines catalytiques nécessaires pour le fonctionnement de l'enzyme et la sous-unité β joue un rôle important dans l'insertion de la protéine à la membrane (Hootman and Philpott, 1979). Cette enzyme fondamentale pour les échanges d'ions et de gaz, est présente abondamment dans les organes osmorégulateurs comme la branchie et le rein. Elle assure son rôle dans l'osmorégulation en pompant les ions K^+ dans la cellule et les ions Na^+ vers l'extérieur, contre leur gradient de concentration. L'activité de cette enzyme fournit également une force d'entraînement pour plusieurs autres processus de transport associés à l'osmorégulation. Ainsi, deux modèles de régulation de la Na^+, K^+-ATPase en réponse aux changements de salinité ont été décrits chez les poissons (**Fig. 9**). Le premier modèle qui a été proposé correspond au modèle de

« paradigme diadromique » pour lequel l'activité de la Na⁺, K⁺-ATPase est positivement corrélée avec la salinité (Sakamoto et al., 2001). Un deuxième modèle, dit modèle de dépendance en « U » selon lequel l'activité de la Na⁺, K⁺-ATPase augmente en réponse à l'augmentation du gradient osmotique entre le milieu intérieur du poisson et le milieu ambiant a été ensuite proposé (Lin et al., 2003). La validation de ce modèle a été prouvée chez plusieurs espèces euryhalines dont la daurade *Sparus sarba* (Deane and Woo, 2004).

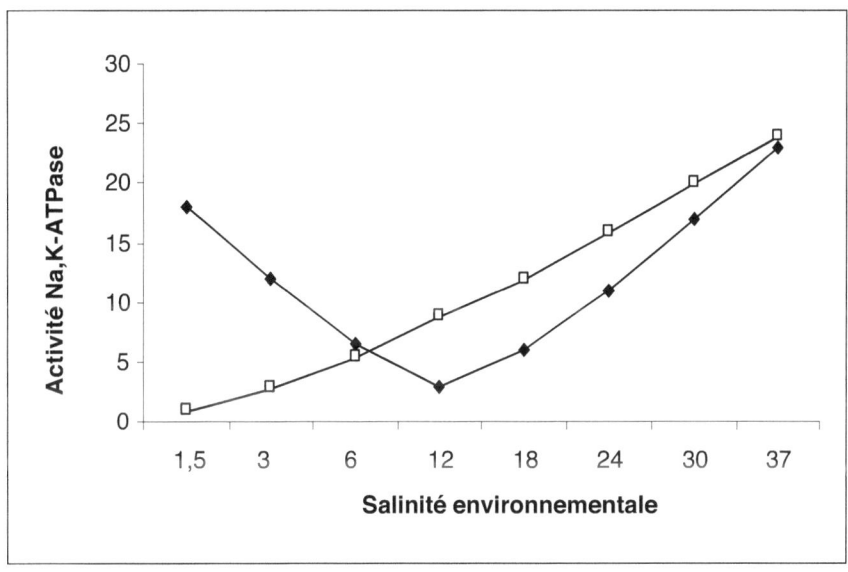

Figure 9: Modèles théoriques de réponse de la Na⁺, K⁺-ATPase à la salinité du milieu ambiant : modèle en « U » (–◆–), modèle de « paradigme diadromique » (–□–).

II.2.2.1.3. Modèles de régulation de l'équilibre ionique au niveau branchial

a. fonctionnement des cellules à chlorure en eau douce

Un modèle sur le maintien de l'équilibre ionique chez les poissons d'eau douce a été initialement proposé par Lin et Randall (1995). Ce modèle a été repris et amélioré par plusieurs auteurs pour être aujourd'hui celui qui prévaut dans la communauté scientifique (**Fig. 10**). Selon ce modèle, il y a d'abord une extrusion des ions H^+ par une pompe H^+-ATPase localisée sur la face apicale de la cellule quand le poisson est en conditions hypoosmotiques. Ce phénomène crée un potentiel négatif à l'intérieur de la cellule aboutissant à un transport passif des Na^+ via les canaux de la membrane apicale. Cette phase est suivie par une absorption des ions Na^+ au niveau de la membrane basolatérale par l'intermédiaire de la Na^+, K^+-ATPase. Les ions K^+ absorbés dans la cellule par la Na^+, K^+-ATPase sont recyclés via les canaux de la membrane basolatérale. L'absorption des ions Ca^{2+} se fait via les canaux apicaux, par la Ca^{2+}-ATPase basolatérale et par les échangeurs Na^+/Ca^{2+}. Dans les cellules pavimenteuses (P) de quelques espèces, l'absorption du Cl^- est liée à la sécrétion de bicarbonate induite par les faibles niveaux de HCO_3^- générés localement par la H^+-ATPase des cellules voisines. L'échange de Na^+/H^+ au niveau de la membrane basolatérale empêche l'acidification du cytoplasme et le Cl^- est transféré à travers la membrane basolatérale par l'intermédiaire des canaux d'anion. Les jonctions entre les cellules sont bien serrées afin de réduire au minimum la perte diffusive d'ions par la voie paracellulaire.

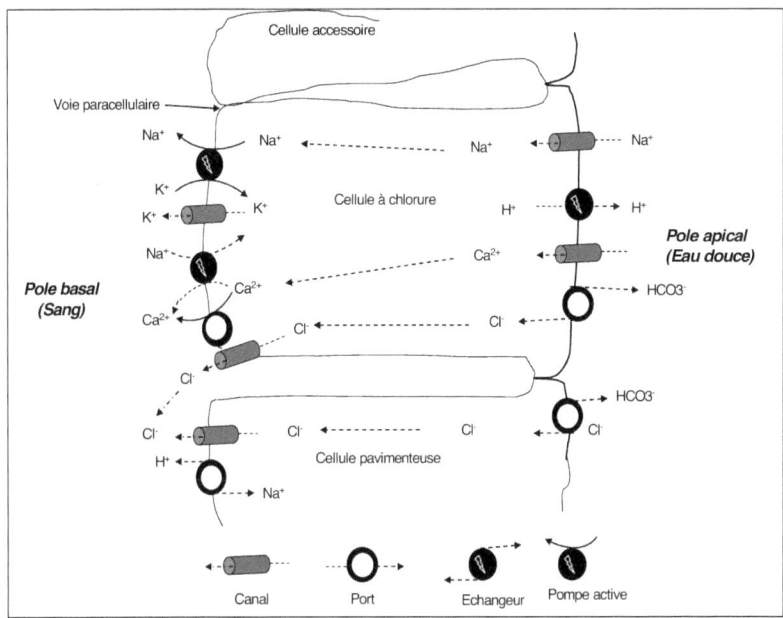

Figure 10: modèle de transport des ions dans les cellules branchiale des poissons en eau de mer : sécrétion de NaCl et absorption de Ca^{2+} adaptée de Marshall (2002)

b. fonctionnement des cellules à chlorure en eau de mer

Le modèle d'eau de mer implique un transporteur, $(Na^+, K^+$-ATPase) et des co-transporteurs-Na^+, K^+, $2Cl^-$ (NKCC) situés au niveau de la membrane basolatérale, un canal d'anion, régulateur transmembranaire de la fibrose kystique (CFTR) situé au niveau de la membrane apicale et une voie paracellulaire située entre les cellules à chlorure et les cellules accessoires **(Fig. 11)**. Dans ce modèle, la Na^+, K^+-ATPase crée la force d'entraînement grâce à un gradient transmembranaire de Na^+. Cette force permet le transport des ions K^+ et Cl^- dans la cellule via les co-transporteurs-Na^+, K^+, $2Cl^-$. Les ions K^+ sont principalement recyclés à travers la membrane basolatérale mais une petite proportion est sécrétée passivement. Les ions Cl^- sont sécrétés par l'intermédiaire des canaux à anions CFTR situés dans les cryptes de la membrane apicale tandis que le Na^+ est sécrété suivant son gradient électrochimique par la voie paracellulaire située entre les cellules à chlorure et les cellules accessoires.

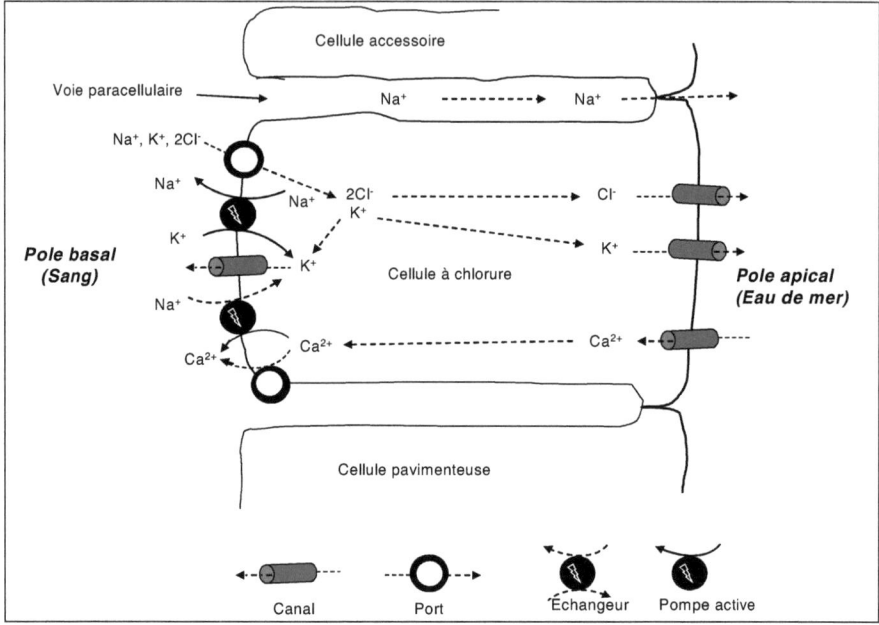

Figure 11: modèle de transport des ions dans une cellule branchiale des poissons en eau de mer : sécrétion de NaCl et absorption de Ca^{2+} adaptée de Marshall (2002).

II.2.2.2. Le tractus digestif

Le tractus digestif des poissons est impliqué dans plusieurs fonctions physiologiques notamment dans le transport et l'absorption des nutriments. Il joue un rôle important dans le maintien de l'équilibre hydrominéral des poissons. L'eau de mer ingérée par les téléostéens marins est diluée lors de son passage dans le tractus digestif. Selon Smith (1930), cette dilution se fait dans l'estomac et l'intestin par un flux d'eau en provenance du sang. L'absorption est très efficace au niveau de l'intestin car l'essentiel du NaCl ingéré en même temps que l'eau va passer dans le sang à ce niveau. Le Na^+ est absorbé activement via une Na^+, K^+-ATPase membranaire. Ce transport actif du Na^+ génère un gradient hyperosmotique local qui sera à l'origine des flux osmotiques de l'eau. Contrairement à Smith (1930), Hirano et Mayer-Gostan (1976) indiquent que l'eau ingérée est diluée avant son passage dans l'estomac et dans l'intestin. Ces auteurs ont démontré à travers une étude sur l'anguille d'eau de mer (*Gymnelus viridis*) que l'œsophage des poissons joue un rôle important dans la dilution de l'eau de mer ingérée. En effet, l'œsophage de cette espèce est très perméable aux ions Na^+ et Cl^- et peu perméable à l'eau. Par conséquent, la dilution de l'eau de mer dans l'œsophage se ferait principalement par le retrait du sel de l'eau ingérée.

II.2.2.3. Les téguments

Les téguments sont des organes osmorégulateurs accessoires qui interviennent non seulement dans les échanges ioniques mais aussi dans les échanges gazeux. Chez la plupart des poissons particulièrement ceux possédant un tégument très vascularisé, toute la surface du corps est recouverte de cellules à chlorure. C'est particulièrement le cas chez le gobie (*Gillichthys mirabilis*) où tout le tégument est recouvert de cellules à chlorure excepté la membrane operculaire qui couvre l'oeil, ce qui représente une surface d'échange d'ions et de gaz considérable (Marshall and Grosell, 2005). Chez les larves de poissons dont le système branchial n'est pas encore complètement mis en place, les cellules à chlorures situées sur l'épithélium du sac vitellin servent d'organes osmorégulateurs. Les téguments sont extrêmement utilisés comme modèle pour isoler des cellules à chlorures utilisées pour l'étude des mécanismes de transports d'ions et leur régulation.

II.2.2.4. Rein

Le rein joue un rôle important dans l'osmorégulation mais ses fonctions sont différentes chez les poissons marins en comparaison aux poissons dulçaquicoles. Sans mécanismes compensatoires, les cellules des téléostéens d'eau douce subissent une invasion d'eau et une perte d'ions. La fonction principale du rein est alors d'excréter l'eau et de réabsorber certains ions filtrés. Quant aux téléostéens marins qui doivent faire face à une perte d'eau et à un gain d'ions par diffusion, le rôle de leur rein sera essentiellement d'éliminer une partie des ions filtrés. Même si les mécanismes de transport des ions dans le rein restent peu documentés chez les téléostéens, l'importance de cet organe dans les mécanismes d'osmorégulation demeure incontestable. Ainsi, l'identification par clonage d'ARNm d'un canal transporteur de Cl^- dans le rein du tilapia, *Oreochromis niloticus* (Miyazaki et al., 2002) a permis de montrer une surexpression de ces ARNm de ce canal chez les poissons acclimatés à l'eau douce par rapport aux poissons acclimatés à l'eau de mer. De manière concomitante, ces auteurs ont montré une immunoréaction d'une Na^+, K^+-ATPase dans les membranes basolatérales des cellules du tube urinifère distal de cette espèce. La localisation du canal transporteur de chlore et son induction dans le milieu hypoosmotique suggèrent son implication dans la réabsorption du Cl^- au niveau du tube urinifère distal des tilapias par la création d'un gradient électrochimique de Na^+ établi par la Na^+, K^+-ATPase (Miyazaki et al., 2002).

II.2.3. Coût énergétique de l'osmorégulation

L'acclimatation aux variations de la salinité se traduit par le maintien d'un équilibre hydrominéral via des mécanismes d'osmorégulation. L'un de ces mécanismes qui consiste à réduire les perméabilités membranaires est peu coûteux du point de vue énergétique. L'autre consiste à réduire les flux urinaires et à accroître les entrées d'eau par ingestion directe. Les ions monovalents sont absorbés en même temps que l'eau et l'excédent doit être obligatoirement éliminé par ces organismes (Manzon, 2002). Cette extrusion qui se fait principalement au niveau des cellules branchiales est coûteuse du point de vue énergétique car elle met en jeu de nombreux transports actifs, en particulier la Na^+, K^+-ATPase. La question fondamentale est de connaître la quantité d'énergie dévolue spécifiquement à la régulation de la balance hydrominérale. Généralement, deux approches sont utilisées pour quantifier cette consommation énergétique : l'approche classique basée sur la mesure directe de la consommation d'O_2 dans le poisson entier ou dans différents tissus, et l'approche moléculaire basée sur la consommation ATP/O_2 par les flux ioniques et/ou par la synthèse d'urée impliquée dans les phénomènes d'osmorégulation. Ces deux approches ont permis d'évaluer le coût énergétique de l'osmorégulation qui varierait entre 20 à 50 % de l'énergie métabolique totale (Boeuf and Payan, 2001). Cependant, des études plus récentes indiquent que le coût osmotique ne dépasse pas 10 % (Boeuf and Payan, 2001). Le coût énergétique lié à l'osmorégulation serait moindre en conditions isoosmotiques et augmenterait avec la l'accroissement du gradient osmotique entre le sang et le milieu ambiant. Conformément à cette conclusion, la consommation d'oxygène en conditions isoosmotiques est plus faible comparativement aux taux enregistrés en eau douce et en eau de mer. Imsland et al. (2003) ont effectué des élevages de juvéniles de turbots (*Scophthalmus maximus*) à différentes salinités (15, 25 et 33,5 psu) et ils ont montré que le groupe à une salinité de 15 psu présentait la plus faible activité enzymatique.

II.2.4. Contrôle hormonale de l'osmorégulation

Plusieures études ont été menées sur le contrôle hormonal de l'osmorégulation chez les téléostéens euryhalins (Seidelin *et al.*, 2000; McCormick, 2001). Ces études indiquent que la prolactine joue un rôle clé dans la régulation de la balance hydrominéral en eau douce (Auperin et al., 1994; Sakamoto et al., 1997; Seale et al., 2002) tandis que le cortisol permet l'acclimatation à l'eau de mer (McCormick, 2001). A l'instar du cortisol, la l'hormone de croissance (GH) et son médiateur, le facteur de croissance insulinique (IGF-I) sont impliqués dans l'acclimatation à eau de mer aussi bien chez les salmonidés que chez les tilapias euryhalins (Madsen and Bern, 1993; Borski *et al.*, 1994; McCormick, 1996; Sakamoto *et al.*, 1997; Seale *et al.*, 2002). Ces hormones exercent leurs actions en agissant seules ou en synergie (Eckert et al., 2001).

II.2.4.1. Actions de la Prolactine

La prolactine serait impliquée dans les mécanismes d'absorption des ions des poissons téléostéens euryhalins en eau douce (Auperin et al., 1994; Grau et al., 1994; Sakamoto and McCormick, 2006). La libération de PRL est stimulée par une diminution de l'osmolarité du milieu externe chez certaines espèces euryhalines comme le tilapia *O. mossambicus*. C'est ainsi que des niveaux élevés de PRL plasmatique en association avec une osmolarité plasmatique réduite ont été observés chez les tilapias acclimatés à l'eau douce. L'expression et les concentrations plasmatiques de PRL augmentent après transfert des poissons à l'eau douce (Manzon, 2002). Même si les mécanismes d'action de la prolactine n'ont pas été beaucoup étudiés, des études ont montré que cette dernière exerce son action en modifiant l'activité Na^+, K^+-ATPase (Seidelin and Madsen, 1999). Cependant, les effets de la PRL sur l'activité de la Na^+, K^+-ATPase branchiale sont très controversés. Eckert (2001) ont montré chez le poisson-chat, *Ictalurus punctatus* que la PRL n'a aucun effet sur l'activité Na^+, K^+-ATPase branchiale. Contrairement à cette conclusion, Sakamoto (1997); Shepherd et al. (1997b) et Kelly et al. (1999) ont démontré que la PRL diminue l'activité Na^+, K^+-ATPase branchiale. Selon McCormick (1995), la PRL réduit l'extrusion branchiale des ions monovalents en diminuant l'activité de la pompe Na^+, K^+-ATPase pendant l'acclimatation à un environnement hyperosmotique. Chez la daurade (*Sparus sarba*), un traitement de PRL ovine diminue l'activité

Na$^+$, K$^+$-ATPase et augment l'osmolarité plasmatique des poissons adaptés à l'eau de mer et à l'eau saumâtre. Ce traitement réduit l'osmolarité après transfert à l'eau saumâtre et l'augmente après transfert à l'eau de mer (Mancera et al., 2002). La PRL n'influence pas seulement l'activité de la Na$^+$, K$^+$-ATPase mais elle contrôle aussi son expression. Ainsi, la PRL réduit significativement les niveaux d'ARNm branchiaux de la Na$^+$, K$^+$-ATPase -α chez *Sparus sarba* en eau de mer. En revanche, elle n'a aucun effet significatif sur les niveaux d'expression des ARNm de la sous unité β (Deane et al., 1999).

II.2.4.2. Actions de l'hormone de croissance

La GH serait impliquée dans l'acclimatation à la salinité chez plusieurs espèces de salmonidés et tilapias (Björnsson, 1997; Sakamoto *et al.*, 1997; Ágústsson *et al.*, 2001; Seale *et al.*, 2002). La GH exerce son action osmorégulatrice en augmentant la taille et le nombre de cellule à chlorure, l'activité des transporteurs d'ions comme la pompe Na$^+$, K$^+$-ATPase et les cotransporteurs Na+,K+,2Cl- (NKCC) (McCormick, 2001; Pelis and McCormick, 2001). Ainsi, le traitement *in vivo* avec la GH augmente l'activité Na$^+$, K$^+$-ATPase chez les salmonidés (Madsen and Bern, 1993) et le tilapia, *O. mossambicus* (Borski et al., 1994). Cette augmentation de l'activité Na$^+$, K$^+$-ATPase chez *O. mossambicus* après traitement de GH a été confirmée par (Shepherd et al., 1997a). La GH diminue l'osmolarité plasmatique chez *O. mossambicus* par une augmentation de l'activité de la Na$^+$, K$^+$-ATPase des cellules branchiales (Sakamoto et al., 1997) en accord avec les résultats de Flik et al. (1993), qui ont observé une augmentation du nombre de cellules à chlorure branchiales après traitement de cette même espèce avec de la GH recombinante de tilapia. Chez, la daurade *Sparus sarba*, la GH induit une augmentation du nombre de cellules à chlorure dans les branchies. En revanche, l'administration de GH exogène n'altère pas l'expression de la pompe Na$^+$, K$^+$-ATPase de la daurade, *Sparus sarba* acclimatée soit à l'eau de mer soit à l'eau douce (Deane et al., 1999). Il a été démontré qu'un traitement de GH augmente la densité et la taille des cotransporteurs Na^+-K^+-$2Cl^-$ du filament branchial du saumon atlantique (*Salmo salar*) à travers une prolifération et une différenciation des cellules à chlorure branchiales (Pelis and McCormick, 2001). La GH intervient indirectement dans l'acclimatation des poissons à l'eau de mer à travers une mobilisation des substrats énergétiques (Sangiao-Alvarellos et al., 2005).

II.2.4.3. Actions des IGFs et du Cortisol

Les facteurs de croissance insulinique (IGF-I, IGF-II) sont des polypeptides qui, comme l'insuline ont des propriétés métaboliques et mitogènes. Bien que le foie soit le principale site de production des IGFs, plusieurs tissus tels que les branchies produisent localement ces hormones (Sakamoto and Hirano, 1993; Shamblott *et al.*, 1995; Caelers *et al.*, 2004). Ils agissent en tant que médiateurs des actions somatotropes de la GH, c'est pourquoi leur action semble être indissociable de celle de cette dernière. Ainsi, le transfert du tilapia, *Oreochromis mossambicus* de l'eau douce à l'eau de mer entraîne une activation de l'axe GH/IGF-I aboutissant à une augmentation des concentrations plasmatique de GH et d'IGF-I (Riley et al., 2003). Chez le Choquemort *Fundulus heteroclitus*, l'injection d'IGF-I recombinant augmente l'activité de la Na^+, K^+-ATPase et diminue l'osmolarité plasmatique (Mancera and McCormick, 1998), suggérant qu'elle exerce son rôle dans l'osmorégulation à travers une activation de cette pompe.

Le cortisol joue un rôle important dans plusieurs fonctions physiologiques, principalement en réponse aux stress. Son rôle dans l'acclimatation à l'eau de mer, en particulier pendant la smoltification a été bien étudié chez les salmonidés (McCormick, 2001). Les concentrations plasmatiques de cortisol augmentent chez ces espèces pendant la smoltification, suggérant un rôle dans l'acclimatation à l'eau de mer pendant ce stade de développement (Boeuf, 1993). A l'instar de la GH, le cortisol exerce son rôle l'acclimatation à la salinité à travers une stimulation de l'activité Na$^+$, K$^+$-ATPase branchiale et la différenciation des cellules à chlorure chez plusieurs espèces de téléostéens (McCormick, 1995). Ainsi, une injection de cortisol augmente la tolérance à la salinité et l'activité Na$^+$, K$^+$-ATPase chez les juvéniles du saumon atlantique en dehors des périodes de smoltification (Bisbal and Specker, 1991). Chez la daurade *Sparus sarba*, l'injection de cortisol augmentent l'expression des d'ARNm α et β et l'activité de la pompe Na$^+$, K$^+$-ATPase (Deane et al., 1999).

II.2.4.4. Actions synergiques des hormones d'osmorégulation

A l'exception des salmonidés, les voies par lesquelles certaines hormones comme la GH, le cortisol ou les PRLs exercent leurs actions osmorégulatrices ne sont pas bien identifiées chez les poissons. Les données disponibles sur les salmonidés indiquent que ces hormones peuvent agir seules ou en synergie (McCormick, 1996). La GH stimule la production d'IGF-I dans le foie et les organes osmorégulateurs (Sakamoto and Hirano, 1993). En revanche, l'IGF-I peut servir de médiateurs à certaines actions physiologiques de la GH. Ainsi, chez *Fundulus heteroclitus* les traitements simultanés avec la GH ovine et l'IGF-I bovine recombinant entraîne un accroissement de l'activité Na$^+$, K$^+$-ATPase et une meilleure tolérance à la salinité comparativement au traitement exclusif de l'une ou l'autre de ces hormones (Mancera and McCormick, 1998). Ces résultats suggèrent une action synergique de la GH et l'IGF-I comme c'est le cas chez les salmonidés.

Une augmentation de la tolérance à la salinité et de l'activité Na$^+$, K$^+$-ATPase sous l'action combinée de la GH et du cortisol a été observée chez le saumon atlantique, *Salmo salar* (McCormick, 1996). L'injection simultanée de GH et de cortisol chez des saumons atlantiques augmentent dans les cellules à chlorure l'abondance et la taille des cotransporteurs Na$^+$-K$^+$-2Cl$^-$.e Shrimpton et al. (1995) ont observé une augmentation du nombre de récepteurs de cortisol après traitement par la GH, suggérant une interaction entre ces deux hormones.

Borski et al. (1991) ont montré que le cortisol inhibe la réponse des cellules à PRL du tilapia, *Oreochromis mossambicus* à une réduction de la pression osmotique. Le cortisol inhibe l'expression et la synthèse des 2 PRLs du tilapia *O. mossambicus* en conditions hypo-osmotiques tandis qu'il n'a aucun effet sur sa synthèse et ses niveaux d'ARNm en conditions hyperosmotiques (Uchida et al., 2004).

Matériel et méthodes

I. Echantillonnage des populations naturelles

Dans cette partie, nous décrivons tous les échantillonnages qui ont été réalisés en populations naturelles pour les besoins de l'ensemble de cette thèse. Cette partie ne sera pas redéveloppée dans les chapitres qui suivent néanmoins nous redonnerons les informations indispensables sur les échantillons traités dans chaque chapitre. Six populations de tilapia, *Sarotherodon melanotheron* ont été échantillonnées en 2005 et en 2006 au Sénégal et en Gambie au cours de trois campagnes d'échantillonnages, de façon à tenir compte de la variation saisonnière de la salinité dans les estuaires. Un premier échantillonnage a été réalisé en juin 2005, juste avant les premières pluies correspondant à la période où la salinité dans les estuaires est plus élevée. Un second échantillonnage été réalisé en mai 2006, à la fin de la saison sèche au moment où la salinité des estuaires est maximale. Une troisième campagne d'échantillonnage a été effectuée en octobre de la même année, à la fin de la saison des pluies, période de l'année où la salinité est minimale dans les estuaires. Outre les stations « estuariennes », deux autres localités au Sénégal ont été échantillonnées à la même période. Ces deux stations ont pour particularité de ne pas subir de variations de salinité au cours de l'année (Lac de Guiers, Baie de Hann). Les trois stations du Saloum sont Missirah située en amont, Foundiougne et Kaolack situées en aval. En Gambie, la station concernée est Balingho qui se trouve en aval de l'estuaire **(Fig. 12)**. Ces stations ont été choisies de façon à couvrir au maximum la gamme de salinité dans laquelle le tilapia *S. melanotheron* est présent. Au cours de chaque campagne d'échantillonnage et dans chaque station, la salinité de l'eau a été mesurée à l'aide d'un réfractomètre et la température à l'aide d'un thermomètre. Les poissons ont été capturés à l'aide d'un épervier. Tous les poissons ont été anesthésiés dans du 2-phenoxyethanol (2,5 ml l^{-1}) en moins de trois minutes, mesurés (longueur à la fourche, LF), pesés (poids total) et décapités. Ils ont été ensuite sexés et le stade de maturation des gonades déterminé selon la méthode de Legendre et Ecoutin (1989). Les otolithes ont été extraits et stockés à sec dans des tubes référencés pour l'estimation de l'âge des poissons. Les branchies ont été prélevées et conservées dans une solution de conservation des ARN (RNA later, Ambion) et stockées à 4°C pendant 24 heures, puis à -20°C jusqu'aux traitements.

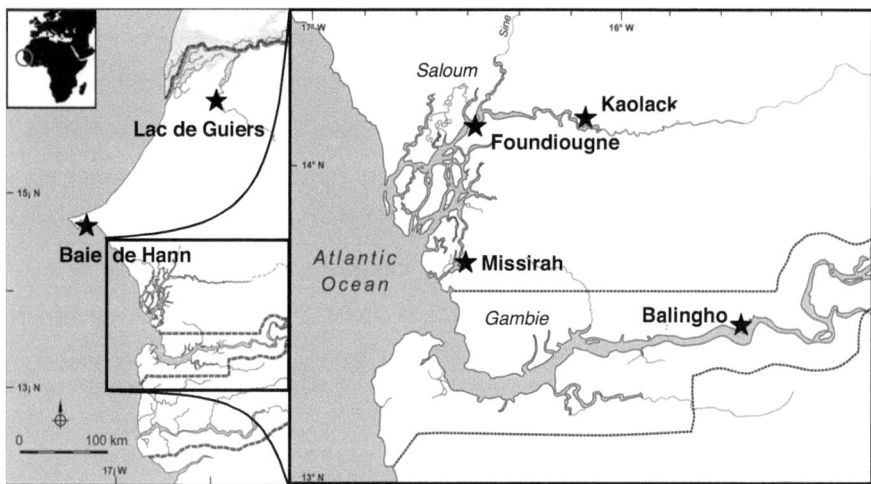

Figure 12: Localisation des six stations d'échantillonnage (★) de *Sarotherodon melanotheron* au Sénégal et en Gambie. L'échantillonnage a été réalisé début juin 2005 et en fin mai 2006, période correspondant à la fin de la saison sèche au moment où la salinité dans les estuaires est maximale et en octobre 2006 au moment où la salinité dans les estuaires est minimale

II. Facteur de condition et taux de croissance

Le facteur de condition (K) est un indice morphométrique qui permet d'évaluer l'état physiologique des poissons selon l'hypothèse que les individus ayant une masse corporelle plus élevée dans une classe de taille sont aussi ceux qui seraient en meilleure condition. Le facteur de condition représente donc un indicateur de l'état de santé d'un poisson et un intégrateur des conditions environnementales. De plus, le facteur de condition moyen dans une population échantillonnée reflète l'état de santé de cette même population. En d'autres termes, le facteur de condition permet la comparaison de plusieurs populations et d'évaluer l'influence des facteurs environnementaux. Cependant, les valeurs du facteur de condition peuvent être influencées par le stade de maturation des gonades (variation en taille et en poids). Afin de diminuer l'influence de ce facteur, les poissons analysés ont été sélectionnés parmi ceux dont le stade de maturation est le moins avancé. Le facteur de condition (K) a été calculé à la fois sur des échantillons de juin 2005, de mai et d'octobre 2006 afin de d'évaluer les effets des variations saisonnières de la salinité dans les estuaires. Le facteur de condition a été calculé selon la formule suivante : $K = 10^5 \, W \, FL^{-3}$ (W = poids total en g et LF = la longueur à la fourche en mm avec K en g/mm^{-3}).

L'âge des poissons a été estimé en comptant les macro-incréments sur l'ensemble de l'otolithe selon la méthode validée par Panfili et al. (2004b). Les taux de croissance (mm d^{-1}) ont été calculés en utilisant le ratio entre la longueur et l'âge des poissons estimé en années.

III. Expérimentation en milieu contrôlé

III.1. Matériel biologique

Les expérimentations en milieu contrôlé ont été réalisées au CIRAD sur le campus international de Baillarguet. Des alevins issus d'une souche de tilapia, *Sarotherodon melanotheron heudelotti* originaire de l'estuaire hypersalé du Saloum (Sénégal) ont subi différents chocs osmotiques (**Fig. 13**). Les géniteurs de ces alevins ont été collectés par A. Mbow à Kaolack en février 2004 à une salinité de 48 psu. Ils ont été stockés dans des aquariums d'eau douce localisés dans les installations de la serre du GAMET (Groupe Aquaculture Méditerranéenne et Tropicale) à Montpellier. Les alevins utilisés dans cette étude proviennent d'une reproduction naturelle (en conditions expérimentales) en eau douce. Ils sont issus de trois pontes différentes et ont été récupérés dans la bouche des mâles en incubation.

III.2. Dispositif expérimental

Chaque unité expérimentale correspond à un aquarium autonome de 37 litres, équipé d'une résistance chauffante qui permet de maintenir la température de l'eau à 27°C, d'un bulleur qui assure l'oxygénation de l'eau, d'un filtre permettant de maintenir la qualité de l'eau et d'un thermomètre d'aquariophilie servant à relever la température. Pour éviter de prélever successivement dans le même aquarium et d'augmenter le stress, deux lots ont été utilisés pour chaque condition : eau douce (ED), eau de mer (EM) et eau hypersalée (EH).

III.3. Transport et acclimatation des poissons

Dans la serre, les alevins étaient maintenus en ED. Pour les transporter jusqu'à la salle d'expérimentation, ils ont été conditionnés dans des sachets en plastique remplis d'ED. Les sachets de transport ont été immergés dans l'aquarium pendant 15 minutes pour éviter d'éventuels chocs thermiques liés à un changement rapide d'eau. Les poissons ont été répartis en 5 lots de 60 individus et maintenus dans des aquariums d'ED. La répartition a été faite de façon à ce que les trois pontes soient représentées dans chaque aquarium. Les alevins ont été ensuite acclimatés pendant 3 jours avant d'être transférés en EM.

III.4. Préparation des eaux salées artificielles et méthodologie de transfert en eau de mer

L'EM a été préparée avec du sel de mer artificiel, d'aquariophilie (INSTANT OCEAN®) à raison de 35 g par litre d'ED tandis 70 g ont été utilisés pour la préparation de l'EH (70 psu). Tout le sel nécessaire pour un volume de

30 litres est d'abord dissout dans 2 litres d'eau à l'aide d'un agitateur puis transféré dans l'aquarium. Le volume est ensuite ajusté jusqu'à 30 litres en ajoutant de l'eau douce. Les réserves d'eau de mer et d'eau douce préparées avec de l'eau de robinet sont systématiquement déchlorées par bullage d'au moins 48 heures. Elles sont aussi maintenues à une température comprise entre 26 et 27°C.

Après 48 heures d'acclimatation en ED, les alevins sont transférés en EM (35 psu). Afin d'éviter le stress de la manipulation, le changement d'eau a été fait en vidant l'ED et en la remplaçant avec de l'EM. Après le transfert, les poissons ont subi une période d'acclimatation d'une semaine avant l'application des traitements de choc osmotique. Cette période nous semble être suffisante pour éviter un stress supplémentaire lié au processus de transfert.

III.5. Alimentation des poissons

Les alevins de tilapia ont eu le même régime alimentaire durant toute la période de l'expérimentation. Ils ont été nourris avec de l'aliment de BIOMAR-SA à raison de trois repas par jour. Pour éviter que la nourriture soit dédaignée et pollue inutilement le milieu, les poissons ne sont pas nourris immédiatement après le transfert. De même, les poissons ont subi un jeûne à la veille des prélèvements.

III.6. Chocs osmotiques et prélèvements

Deux types de chocs osmotiques ont été réalisés au court des expérimentations en laboratoire. Après acclimatation à l'eau de mer, les poissons ont subi pour moitié une montée (35 à 70 psu) et pour l'autre moitié une descente (35 à 0 psu) en salinité (**Fig. 13**). Le transfert a été fait par remplacement d'eau comme décrit précédemment (*cf. III.4 ci-dessus*). Pour éviter la concordance des temps de prélèvement, le transfert en ED a été fait 1 jour après le passage en EH avec un décalage de 1 heure 30 minutes. Le deuxième lot de chaque condition a été transféré 15 minutes après le premier.

Pour éviter un stress de manipulation avant les prélèvements, les poissons sont anesthésiés avec du phénoxyéthanol à raison de 0,75 ml/l d'eau.

Plusieurs prélèvements de 15 à 20 individus ont été effectués au cours du temps : T0 (témoin), T2h, T4h, T8h, T24h, T48h, T10j, et T45j (**Fig. 13**). Sur chaque poisson Cerveau+hypophyse, rein, branchies, et intestin ont été prélevés. Les grands individus ont été prélevés séparément tandis que les petits ont été regroupés par 3. Les différents tissus prélevés ont été conservés dans de l'azote liquide jusqu'à la fin des prélèvements, puis stockés à –80°C.

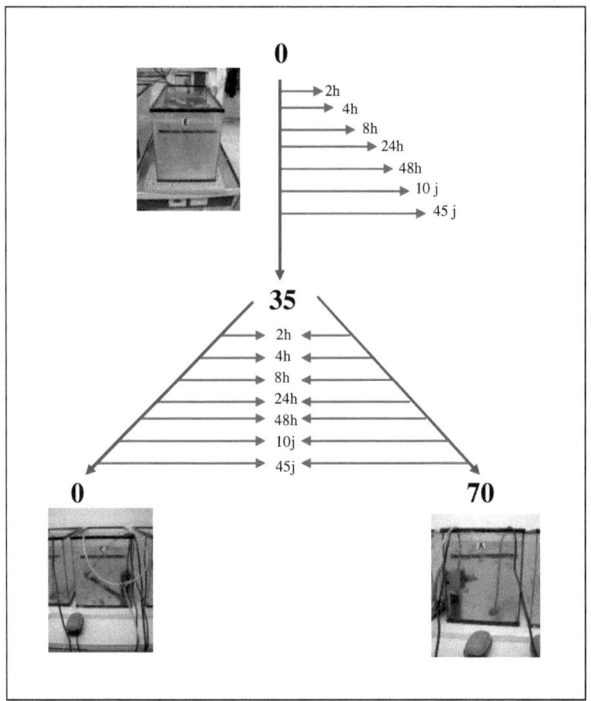

Figure 13: Protocole de transfert aux différentes salinités (en bleu) et points de prélèvements (en rouge). h : heure ; j : jour

IV. Réalisation des banques soustractives (SSH)

La SSH est une méthode permettant d'étudier l'expression différentielle de gènes entre deux conditions expérimentales ou naturelles. Elle est généralement utilisée pour comparer deux populations d'ARN messagers (ARNm) et identifier les ADN complémentaires (ADNc) codant des gènes qui sont surexprimés ou réprimés dans l'une des populations par rapport à l'autre. La population dans laquelle on cherche à isoler les ADNc surexprimés est appelée ADNc « tester » et la population de référence, qui est soustraite est appelée ADNc « driver ». Cette technique comprend deux étapes d'hybridations soustractives suivies d'étapes d'amplification sélective des gènes différentiellement exprimés et de normalisation par PCR. La soustraction est réalisée dans le sens tester moins driver. La réalisation des banques SSH comprend plusieurs étapes décrites ci-dessous.

IV.1. Extraction des ARN totaux

Les poissons utilisés dans cette expérimentation mesuraient entre 4 et 6 cm. Pour avoir une quantité suffisante d'ARN, et pour diminuer les effets individuels, les branchies ont été regroupées en pool de 3 ou 4 individus lors des prélèvements. Les ARN totaux ont été extraits à partir de branchies conservées à -80°C par la méthode Trizol Reagent (Invitrogen). Cette méthode comprend trois étapes essentielles :

* ***Homogénéisation*** : Des tissus congelés ont été broyés dans un mortier contenant de l'azote liquide afin d'éviter la dégradation des ARNm. Au total, 100 mg de broyat sont placés dans 1 ml de Trizol et immédiatement homogénéisés à l'aide d'un homogénéisateur Ultra-Turrax. Pendant l'homogénéisation, le Trizol maintient l'intégrité de l'ARN, tout en provoquant la lyse des cellules et la dissolution des composants cellulaires.

* ***Séparation des phases*** : Les échantillons homogénéisés sont incubés à la température ambiante pendant 5 minutes. Après addition de 0,2 ml de

chloroforme pour 1 ml de Trizol utilisé initialement, une centrifugation à 10000 g pendant 20 mn à 4°C permet la dissociation de la solution en une phase aqueuse et en une phase organique. L'ARN reste exclusivement dans la phase aqueuse qui est délicatement transférée dans un nouveau tube.

* Précipitation et lavage du culot d'ARN : L'ARN est précipité en ajoutant 0,2 ml d'isopropanole (pour 1 ml de Trizol initial) à la phase aqueuse. Après incubation pendant 10 mn à la température ambiante, les échantillons sont centrifugés à 12000 g à 4°C pendant 15 mn. Le culot d'ARN est ensuite lavé avec 0,5 ml d'éthanol 75%, puis centrifugé à 7500 g à 4°C pendant 15 mn. Enfin, le culot d'ARN est séché à la température ambiante pour éliminer complètement les traces d'éthanol et repris dans de l'eau RNase free. Le volume de reprise dépend de la taille du culot d'ARN et varie entre 100 et 300 μl.

IV.2. Quantification et vérification de la qualité des ARN

La quantité d'ARN est dosée par spectrophotométrie en mesurant la densité optique (DO) à 260 nm. L'unité DO à 260 nm d'une solution d'ARN correspond à 40μg/ml de solution. Le rapport DO_{260}/DO_{280} permet d'estimer le degré de pureté de l'ARN. Ce rapport doit être voisin de 2 si les ARN sont purs.

La qualité des ARN ainsi que la fiabilité de la quantification ont été vérifiées par migration des échantillons sur gel d'agarose 1% TAE 1X (Tris 40mM, acide acétique glacial, EDTA 1mM) suivie d'une visualisation sous UV après coloration au bromure d'éthidium (**Fig. 14**). Pour les ARN de bonne qualité, les deux bandes majoritaires d'ARN ribosomaux 18S et 28S correspondant respectivement à 1,9 kb et 5 kb doivent être présentes. Si l'échantillon est dégradé, l'ARN migre sous forme d'une traîné, les deux bandes ne sont pas visibles et il y a accumulation de fragments de petite taille (<100 pb).

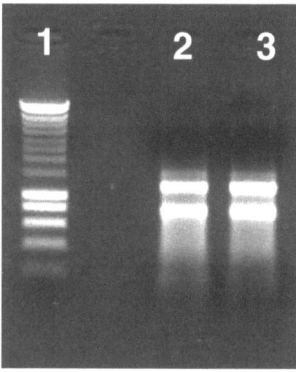

Figure 14: Contrôle de l'extraction des ARN totaux sur gel d'agarose 1%. Piste 1 : marqueur de taille (Smart Leader) ; 2 : ARN totaux de branchies de poissons maintenus en eau douce (0 psu) ; 3 : ARN totaux de branchies de poissons provenant de l'eau hypersalée (70 psu).

IV.3. Purification des ARN messagers

Les ARNm des eucaryotes possèdent une répétition de résidus adénosine à leur extrémité 3', qui est utilisée dans la méthode de purification des ARNm du kit Poly(A) Purist™ (Ambion). Le principe de la méthode consiste dans un premier temps à faire passer une solution d'ARN total sur une colonne présentant des sites de fixation qui sont des oligonucléotides polydT. Ces oligo (dT) sont piégés dans des particules magnétiques couplées à de la streptavidine et retiennent uniquement les ARNm. La phase aqueuse qui contient les ARN ribosomiques et les ARN de transfert est éliminée, puis les ARNm **(Fig. 15)** sont élués avec de l'eau ultra pure préalablement autoclavée.

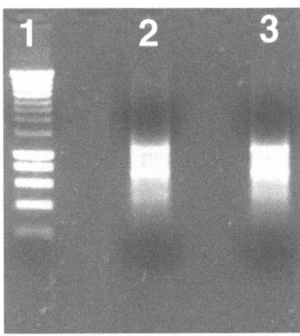

Figure 15: Contrôle de la purification des ARNm sur gel d'agarose 1%. Poste 1 : marqueur de taille (Smart Leader) ; ARNm de branchies de poissons maintenus en eau douce (0 psu) ; 3 : ARNm de branchies de poissons provenant de l'eau hypersalée (70 psu).

IV.4. Synthèse des ADNc

Les ARNm de branchies prélevées chez des poissons aprés 45 jours en eau douce ou en eau hypersalée (0 et 70 respectivement) sont rétro transcrits en ADNc en utilisant le kit BD PCR-SelectTM cDNA Subtraction (Ambion). Pour synthétiser le premier brin d'ADNc, 4 μg d'ARNm ont été mélangés avec 1 μl de DNAc Synthesis Primer dans un volume de 5 μl. L'ensemble est chauffé à 70°C pendant 2 minutes afin d'éliminer leurs éventuelles structures secondaires. Au terme de cette dénaturation, le mélange est aussitôt stabilisé par refroidissement dans la glace. A ce mélange réactionnel, sont ensuite ajoutés : 2 μl de 5X Fist-Strand Buffer, 1 μl de dNTP Mix (10 mM de chaque), 1 μl d'eau stérile et 1 μl d'AMV Reverse Transcriptase (20 u/μl). Le mélange est incubé à 42°C pendant 1h 30 mn dans un thermocycleur PTC-100MT (MJ Research, Inc.). Le second brin d'ADNc est synthétisé en ajoutant les produits suivants dans les tubes contenant la réaction de synthèse du premier brin : 48,4 μl d'eau stérile, 16 μl de 5X Second-Strand Buffer, 1,6 μl de dNTP Mix (10 mM), 4 μl de 20X Second-Strand Enzyme Cocktail. Le mélange est placé à 16°C pendant 2h 30 mn, 2 μl de la T4 est ajoutée 30 mn avant la fin de l'incubation. La synthèse du second brin est stoppée en ajoutant 4 µl de 20X EDTA/Glycogen Mix. L'ADNc double brin est purifié par extraction phénol/chloroforme, précipité avec de l'éthanol 100%, lavé à l'éthanol 75% et repris dans 50 µl d'eau stérile.

IV.5. Digestion par RsaI

Les ADNc *tester* et *driver* sont digérés en parallèle avec l'enzyme de restriction RsaI comme décrit dans le protocole du kit BD PCR-SelectTM cDNA Subtraction (Ambion). Les ADNc digérés sont ensuite extraits par phénol/chloroforme, précipités à l'éthanol et repris dans 5,5 µl d'eau stérile. La digestion des ADNc est vérifiée par migration sur gel d'agarose avant et après digestion **(Fig. 16)**. Dans tous les cas, l'ADNc obtenu correspond à une traînée sur le gel, composé de fragments plus courts après digestion. La préparation des ADNc *driver* s'achève à cette étape.

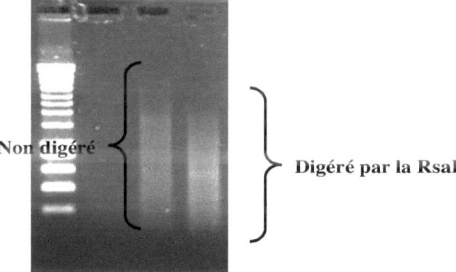

Figure 16: Contrôle de la digestion des ADNc par l'enzyme de restriction RsaI.

IV.6. La ligation des adaptateurs

Une ligation permet de fixer des adaptateurs partiellement double brin sur les extrémités 5' et 3' des ADNc est réalisée uniquement sur les ADNc *tester*. Les ADNc *tester* digérés par l'enzyme de restriction RsaI sont divisés en 2 fractions équivalentes qui sont, soit liée à un adaptateur 1, soit à un adaptateur 2R. On obtient ainsi 2 sous-populations de *tester* : *tester-1* et *tester-2R*.

L'efficacité de la ligation des adaptateurs est vérifiée en réalisant 2 PCR avec 2 couples d'amorces différents. Une première PCR avec les amorces du gène G3PDH permet d'amplifier tous les ADNc codant pour la G3PDH liés ou non aux adaptateurs. La seconde PCR avec une des amorces G3PDH (5' ou 3') et l'amorce Primer PCR1 correspond à l'ensemble des ADNc codant pour la G3PDH liés à un des 2 adaptateurs. La position des amorces G3PDH et Primer PCR1 après ligation des adaptateurs et la taille des fragments correspondant sont représentées sur la figure ci-dessous **(Fig. 17)**.

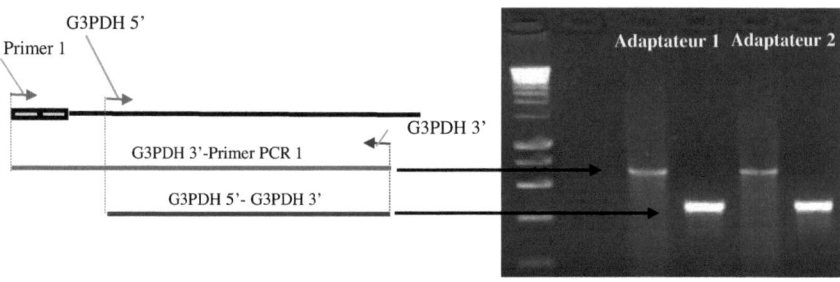

Figure 17: Contrôle de la ligation des adaptateurs sur les fragments d'ADNc digérés.

IV.7. Hybridation et amplification

Les ADNc liés aux adaptateurs 1 et 2R sont dénaturés à 98°C pendant 90 secondes. Deux hybridations (1a et 1b) sont ensuite réalisées entre le *tester-1* (ADNc 0 liés à l'adaptateur 1) et un excès de *driver* (ADNc 70 psu non liés aux adaptateurs), le *tester-2R* et un excès de *driver*. Ces hybridations réalisées à 68°C pendant 6h génèrent différents types de molécules.

- Les molécules de types 'a' et 'b' (**Fig. 18**), qui sont présentes uniquement dans la population d'ADNc d'eau douce (0). C'est à cette étape qu'à lieu la normalisation de la SSH entre les ARN de différente quantité. Les ADNc les plus abondants dans les branchies 0 vont former plus facilement des molécules de type 'b' que les ADNc faiblement représentés. Par conséquent, le type 'b' est fortement représenté alors que le type 'a' est présent en faible quantité.
- Les molécules de type 'c' sont formées d'ADNc présents dans les populations d'ED et d'EH.
- Les molécules de type 'd' correspondent à l'excès d'ADNc d'EH.

Les deux échantillons issus de l'étape d'hybridation sont mélangés ensemble sans dénaturation préalable et hybridés à 68°C pendant une nuit avec un excès d'ADNc *driver* fraîchement dénaturé. Le mélange est ensuite dilué avec 200 μl de dilution buffer, chauffé à 68°C pendant 7mn et stocké à -20°C pour l'amplification PCR. Cette hybridation permet la formation de molécules de types 'e', qui correspondent aux ADNc présents uniquement dans la population d'eau douce, donc aux molécules d'intérêt recherchées.

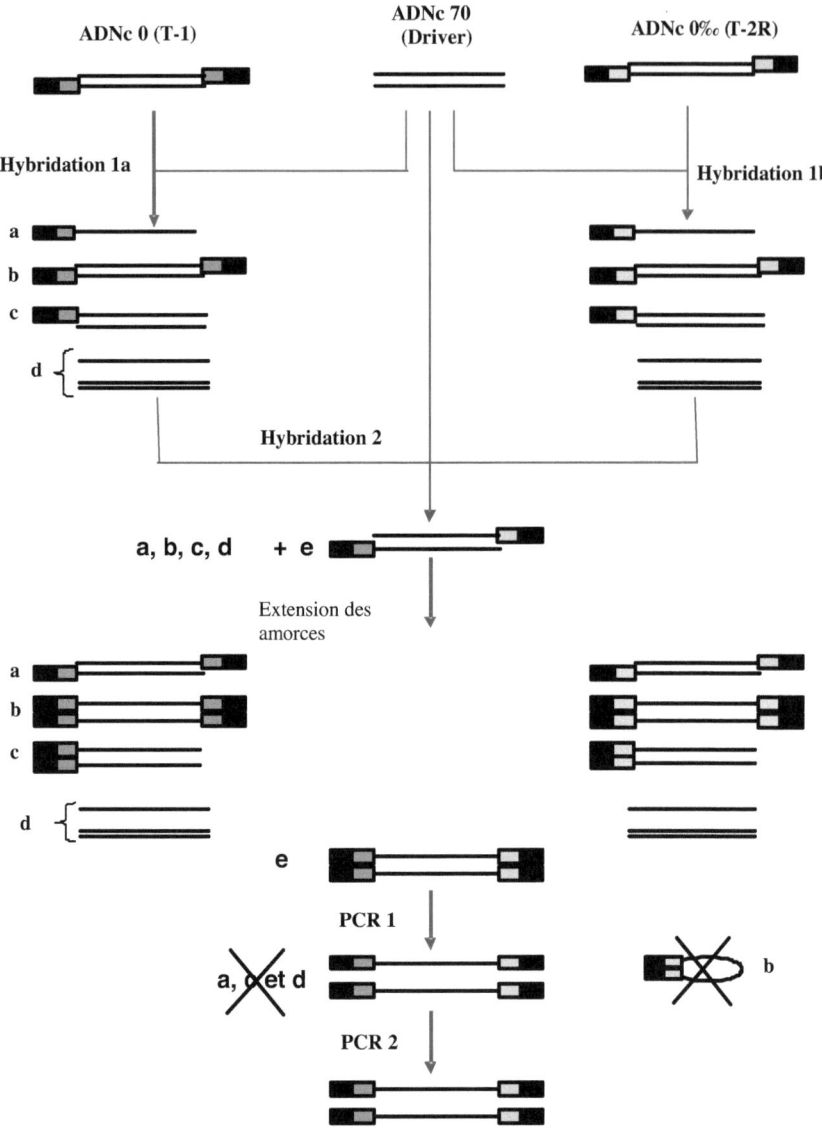

Figure 18: Principe de la SSH

IV.8. PCR 1 et 2

Deux amplifications PCR ont été réalisées avec des jeux d'amorces différents. Dans la première PCR, les amorces des adaptateurs 1 et 2R sont utilisées pour amplifier les ADNc différentiellement exprimés. Le produit de cette première PCR est utilisé comme matrice de la seconde PCR avec des amorces emboitées (« *nested* »). Ces PCR sont également réalisées sur les produits de non soustraction, qui correspondent à un mélange ADNc *tester* 1 et 2R avant la ligation. En observant les différentes molécules formées après la seconde PCR, plusieurs cas de figures se dégagent (**Fig. 18**):

- Les molécules de types 'd' sans adaptateur à leurs extrémités ne peuvent pas être amplifiées.
- Les molécules de types 'a' et 'c', avec un seul adaptateur sont amplifiées linéairement.
- Les molécules 'b' ayant les mêmes adaptateurs aux deux extrémités ne sont pas amplifiées. La molécule se replie sur elle même, ce qui empêche l'hybridation des amorces.
- Seules les molécules 'e' portant un adaptateur différent à chaque extrémité sont amplifiées de façon exponentielle.

Les deux PCR sont contrôlées sur gel par migration sur gel d'agarose (**Fig. 19**)

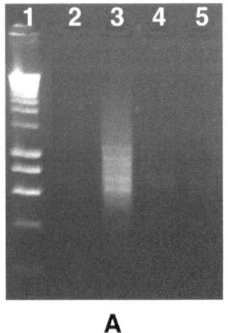

A

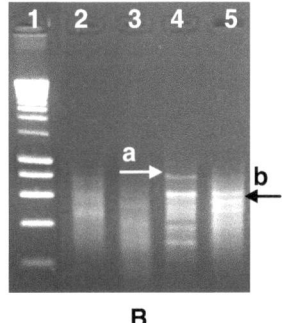

B

Figure 19: Contrôle PCR1 (A) et PCR2 (B) sur gel d'agarose 1%. Piste 1 : marqueur de taille (Smart Leader) ; 2 : produit soustrait à 0 pus; 3 : produit non soustrait à 0 psu; 4 : produit soustrait à 70 psu; 5 : produit non soustrait à 70 psu.

La **figure 19B** présente des profils de migration différents entre les pistes 4 et 5. La flèche « a » indique une banque présente dans le produit de la soustraction et absente dans le produit non soustrait. Cette banque représente de l'ADNc amplifié par la SSH. A l'opposé, la flèche « b » indique une bande éliminée par la SSH.

IV.9. Clonage

Après validation de l'efficacité de la soustraction, le produit d'amplification de la seconde PCR est inséré dans un vecteur pCR2.1 (Invitrogen). Le produit de cette ligation est ensuite utilisé pour être transformé par des bactéries (*E. coli.*). Cette opération permet d'isoler chaque molécule d'ADNc dans un clone bactérien.

V. Analyse des séquences

Les séquences issues du séquençage des clones ont été en premier temps nettoyées en enlevant les séquences du vecteur et des adaptateurs. Les inserts ont été ensuite assemblés en « contigs » à l'aide du logiciel CAP3 (http://pbil.univ-lyon1.fr/cap3.php). Tous les ESTs ont été annotés sur la base des annotations existant dans les bases de données non redondantes de NCBI en utilisant les algorithmes BlastN et les BlastX (http://www.ncbi.nlm.nih.gov/BLAST. Seules les séquences homologues avec une valeur de probabilité inférieure à 10^{-12} ont été retenues pour les analyses ultérieures. Les séquences sont été ensuite classées en différentes catégories fonctionnelle en utilisant le logiciel Gene Ontology (http://www.geneontology.org). Gene Ontology (GO) est l'approche la plus développée qui est utilisée pour catégoriser des gènes. L'ontologie établie par GO inclut trois quatégories de représentation :

- le processus biologique : serie d'évènements auxquels le gène ou produit de gènes participe,
- la composante cellulaire : endroit de la cellule où le produit du gène est active,
- la fonction moléculaire : l'activité biochimique d'un gène ou d'un produit de gène.

La classification de GO a été utilisée pour regrouper les gènes selon ces trois catégories fonctionnelles et d'identifier ceux qui impliqués dans les mêmes fonctions biologiques.

VI. PCR en temps réel

VI.1. Principe

La technique de polymérisation en chaîne en temps réel (rt-PCR) permet de suivre et de quantifier l'amplification des ADNc aux cours de la réaction et à chaque cycle. Cette technique, initialement mise au point par Higuchi et al. (1992) consiste à amplifier un fragment d'ADN spécifique (amplicon) à l'aide de séquences d'ologonucléotides appelées amorces. Elle est basée sur la détection du signal fluorescent émis par un fluorochrome s'intégrant dans le petit sillion de l'ADN double brin (SYBR Green), ce qui permet de mesurer en continu la quantité d'ADN double brin produits pendant la phase exponentielle de la PCR (**Fig. 20**). La quantité d'ADN ou amplicons produit pendant cette phase est proportionnelle à la quantité initiale du fragment d'ADNc étudié.

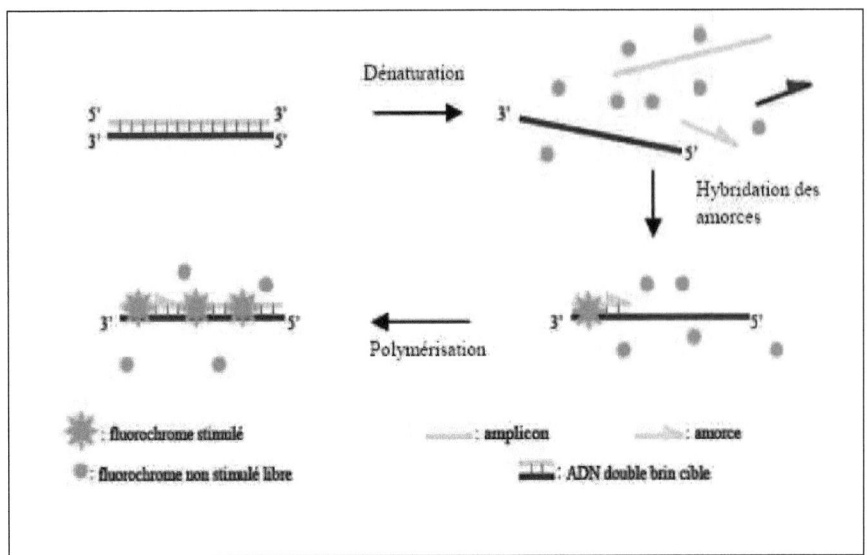

Figure 20: Schéma illustrant le principe de la PCR en temps réel avec le SYBR Green comme type de fluorochrome d'après Poitras et Houde (2002).

La florescence mesurée à chaque cycle permet de déterminer le CT (Threshold Cycle), qui correspond au nombre de cycles pour lequel la fluorescence est significativement supérieure au bruit de fond. Dans le cadre de cette étude, nous avons choisi un seuil de 0,1 qui correspond à un niveau de fluorescence suffisamment bas pour avoir accès au début de la phase exponentielle des courbes d'amplification et suffisamment élevé pour éviter le bruit de fond (**Fig. 21**). La quantité d'ADNc cible est inversement proportionnel à la valeur du CT. Des quantités d'ADNc cibles importantes vont correspondre à de faibles CT et vice versa.

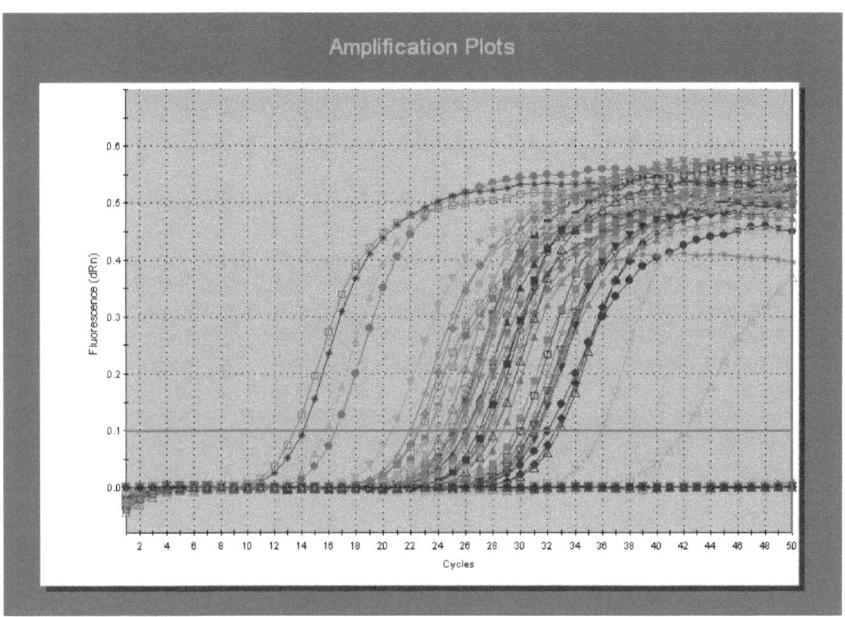

Figure 21: Exemple de courbes d'amplification par rt-PCR. Représentation de la mesure de la fluorescence en fonction du nombre de cycle PCR.

VI.2. Amplification

La validation des résultats des banques SSH a été effectuée en analysant l'expression de 15 dont 7 en ED et 8 en EH. Les gènes choisis sont représentatifs des différentes catégories fonctionnelles. La quantification a été effectuée en individuelle afin de tenir compte de la variabilité inter-individuelle (6 individus pour condition expérimentale). L'amplification a été réalisée dans un appareil Light Cycler (Roche Molecular Biomedicals) en utilisant le kit QuantiTect SYBR Green PCR Master Mix (Qiagen). Les amorces utilisées **(tableau 1)** dans cette étude permettent d'amplifier des amplicons dont la taille est comprise entre 100 et 150 paires de base et leur pourcentage de CG est supérieur à 50%. L'efficacité de chaque couple d'amorce a été testée à l'aide de l'amplification de dilutions (1, 1/10, 1/100, 1/500, 1/1000) d'un pool d'ADNc de 6 individus dont 3 individus de chaque condition (ED, EH). L'efficacité a été calculée selon la formule suivante : E = 10 (-1/pente).

Tableau 1: Amorces utilisées en rt-PCR pour la quantification de l'expression relative des 15 gènes (7 en ED et 8 en EH) choisis pour la validation des banques SSH.

Nom des gènes	Code	Séquence sens (5'-3')	Séquence antisens (5'-3')
Band 3 anion exchange protein	*BAEP*	TCTGCAAAGAAGTGGCATCA	ATGACGCCAAGGTGACATTT
Sarco-endoplasmic reticulum Ca^{2+}-ATPase	*SERCA*	TCCAGCTTCTTTGGGTCAAC	CAGAGATGAGGGGCTCTTTG
Calmodulin 1	*CaM*	TTTTGACGGATTCTTTGTCG	GATCAGGGAAGCAGACATCG
Mitogen-activated protein kinases	*MAPK*	CTGGCCCTTCAACAGAGACTG	CTCTTCGATGGCCTGTTTCAC
Basic Transcription factor BTF3a	*BTF3a*	CAAACAAGCTGCAGATGGAA	CTAGTTGGCCTCGTCTTTGG
Lactate dehydrogenase	*LDH*	TGATCACCTCGTAGGCACTG	AAATGTGGCTGGAGTCAACC
Glutathione S-transferase	*GST*	CTCCTCCCTGAAACTCGTTG	CTGCATGATCTCCACAATGG
Na+/K+ ATPase alpha subunit	*NAKA*	ATGAGAAAGCTGAGAGCGAC	GGCCTGCATCATACCAATCT
Anhydrase carbonique	*AC*	GCTTGGCAGTGTTGGGATTC	GTTGTTCCTGATCCAGTGCT
Voltage-dependent anion channel	*VDAC*	CCCTCTCTGCTCTGATCGAC	CTCTCCTCTTGCCAGTCCTG
Fatty acid binding protein	*FABP*	CAGAACTGGGATGGCAAAGA	ACTCCGTCCATCATGCCTCC
Glutathione peroxidase	*GPX*	GGAACGACAACCAGGGACTA	CTTGCAGTTCTCCTGATGTC
Heat shock cognate 70	*HSP70*	ATTGGGTTGCACACCTTCTC	TGGACAAGTGCAATGAGGTC
Cytochrome C oxydase subunit 1	*Cyt.C*	GCGCCATTAAATGAGAAACC	GAAGTGGGCGACGACATAAT
NADH dehydrogenase	*NADH*	ACTGTGCCCATTACCTCCTG	ATAGTCCTGGTGCTCGCAGT
Actin beta	*ATB*	ACAGGTCCTTACGGATGTCG	CTCTTCCAGCCTTCCTTCCT

L'amplification de chaque échantillon a été effectuée en duplicat dans un volume total de 10 μl contenant 1 μl d'ADNc, 0,5 μl de chaque amorce et du 1X of SYBR Green master mix (Qiagen). Les différentes étapes de la réaction sont les suivantes : une activation de la Taq pendant 15 min à 95°C suivie de 40 cycles comprenant une dénaturation à 95°C pendant 15 secondes, une hydridation entre 54°C et 55°C pendant 15 secondes et une élongation à 72°C pendant 15 secondes. Chaque plaque PCR contient un témoin négatif, où l'ADNc a été substitué par de l'eau ultra-pure (Qiagen), afin de vérifier la présence éventuelle de contamination.

VI.3. Courbe de fusion

Le marquage au SYBR Green n'est pas très spécifique car ce dernier se lie non seulement aux produits PCR spécifiques mais aussi aux produits non spécifiques et aux dimères formés par les amorces. Pour éviter une influence de ces produits non spécifiques sur la quantification, un cycle de courbe de fusion est réalisé à la fin de la PCR. Au cours de ce cycle, la température passe de 60°C à 95°C en augmentant de 0,5°C toutes les 10 secondes de façon à dissocier la totalité des amplicons bicaténaires. On peut ainsi tracer une courbe unimodale qui correspond à la dérivée première de la quantité de fluorescence en fonction de la température (**Fig. 22**). Le pic de cette courbe correspond au Tm (température de fusion) de l'amplicon c'est-à-dire la température à partir de laquelle 50 % de l'ADN synthétisé est sous forme double brin et 50 % sous forme simple brin. Le Tm est spécifique de chaque produit amplifié. Ainsi, la courbe de fusion permet de vérifier la spécificité de la PCR : des pics (ou Tm) supplémentaires apparaissent sur la courbe de fusion lorsque des dimères d'amorces ou autres produits non spécifiques sont présents dans les produits de PCR, ce qui rend la PCR non exploitable pour des analyses d'expression quantitative de transcrits. La **Figure 22** montre deux pics de fusion pour deux gènes différents (à gauche la β-actine et à droite la calmoduline), compatibles pour entreprendre des analyses d'expression.

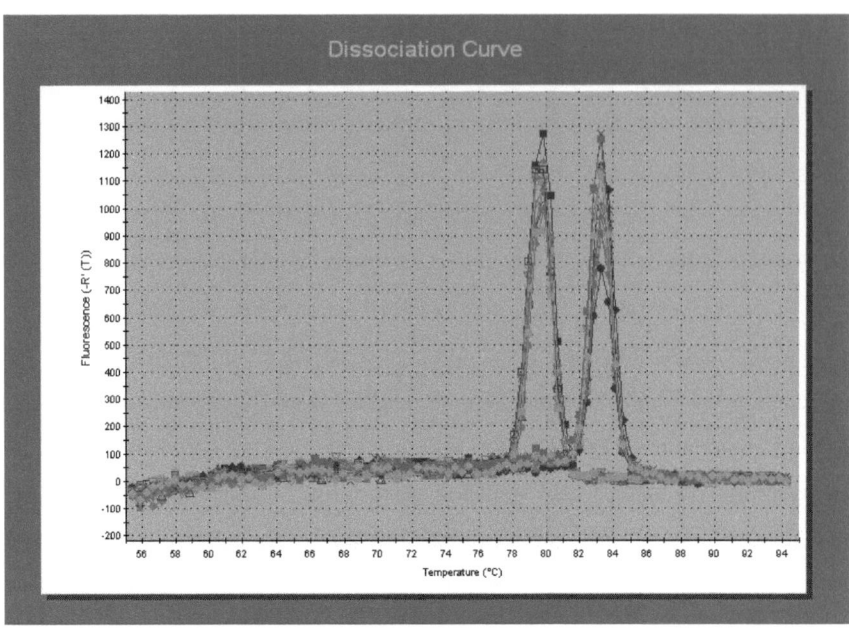

Figure 22: Courbes de fusion de deux gènes différents : à gauche la β-actine et à droite la calmoduline

VI.4. Expression relative

Un gène « de ménage » (house keeping gene) appelé également gène de référence est un gène dont l'abondance du messager dans un tissu ne varie pas entre des conditions étudiées. La β-actine et le facteur d'élongation 1-alpha sont généralement utilisés comme gène de référence dans les analyses d'expression relative des gènes. Nous avons testé ces deux gènes sur différentes échantillons de branchies, d'hypophyse et de rein afin d'identifier celui dont les niveaux de transcrits apparaissent plus constants c'est-à-dire moins influencés par les conditions de salinité. Finalement, la β-actine la été choisie pour normaliser les valeurs de CT car l'abondance des ARNm de ce gène a présenté des variations minimes dans la branchie et l'hypophyse du tilapia *S. melanotheron*. Cette normalisation permet de corriger les biais expérimentaux notamment le rendement de l'extraction et l'intégrité des ARN, le rendement de rétro transcription ainsi que les erreurs de pipetage (Ptaffl, 2001; Bustin, 2002). La quantification des gènes d'intérêt et de référence de chaque échantillon a été réalisée en même temps dans la même PCR afin de diminuer les artéfacts dans la comparaison de résultats issus de PCR faites à des temps différents.

La quantité des transcrits des 15 gènes cibles analysés a été calculée dans la branchie par la méthode des $\Delta\Delta CT$ (Livak and Schmittgen, 2001; Ptaffl, 2001). L'abondance des ARNm de chaque gène cible normalisé par la β-actine et relative au contrôle est donnée par la formule $2^{-\Delta\Delta CT}$ où $\Delta CT = (CT,$ échantillon - CT, contrôle) pour les gènes cibles et de référence et $\Delta\Delta CT = (CT,$ gène cible - CT, gène référence). Les quantités d'ARNm des gènes cibles normalisées par le gène de référence sont exprimées en termes d'expression relative, permettant la comparaison des taux d'expression entre les conditions étudiées.

VI.5. Analyses statistiques

Les données sont exprimées en moyennes avec erreurs de standard. Toutes les données ne sont normales et les variances ne sont pas homogènes, ce qui rend impossible l'application de l'ANOVA. Le test non paramétrique de Kolmogorov-Smirnov a été ainsi utilisé pour comparer les moyennes des expressions relatives entre poissons provenant de l'eau douce et ceux issus de l'eau hypersalée. Les analyses statistiques ont été effectuées en utilisant les logiciels Statistica version 6 et Excel version 2003. Les moyennes sont considérées comme étant significativement différentes si la valeur de probabilité (p) est inférieure à 0,05.

Première Partie

Résultats expérimentaux

Chapitre I. Recherche de gènes candidats de l'acclimatation à la salinité par une approche expérimentale

I.1. Introduction

La première partie de cette thèse a pour but l'identification par une approche expérimentale des gènes les plus sollicités dans l'acclimatation aux variations de salinité même extrêmes. Pour cela, une série d'expérimentations en milieu contrôlé a été réalisée au CIRAD (Montpellier) et à Dakar (Sénégal) afin de fournir des échantillons nécessaires pour la réalisation de banques soustractives. Deux banques SSH ont été réalisées sur des échantillons de branchies prélevés sur des poissons 45 jours après un changement de salinité de 35 à 0 psu et de 35 à 70 psu. Elles ont permis d'identifier des gènes différentiellement exprimés entre ces deux conditions (0, 70 psu). Ces gènes devant être étudiés chez les populations naturelles complétement acclimatés à leur environnement, nous avons choisi de travailler en conditions expérimentales sur des poissons pouvant être considérés comme acclimatés (45 jours post transfert). Ceci dans le but d'augmenter la probabilité d'identifier des gènes impliqués dans l'adaptation chronique au stress osmotique. Le matériel biologique obtenu à l'issu de ces expérimentations a servi également à la validation des résultats des banques en utilisant la technique de PCR en temps réel (rt-PCR).

.

I.2. Matériel et méthodes

I.2.1. Réalisation des banques soustractives

La réalisation des banques SSH implique deux populations d'ADNc (*cf. matériel et méthodes ci-dessus*). Dans cette étude, les deux populations concernées sont constituées pour l'une de branchies de poissons acclimatés à l'eau douce (ED) et pour l'autre de branchies de poissons acclimatés à l'eau hypersalée (EH). Afin d'avoir suffisamment de matériel et d'éviter les effets individuels, les banques ont été réalisées en mélangeant les ARN totaux de 4 individus provenant des trois différentes pontes. Deux banques ont été réalisées à partir d'ARN de branchies prélevées 45 jours après le transfert. Une banque « eau douce » qui est issue de la soustraction ED-EH, qui est donc enrichie en gènes réprimés en condition d'eau hypersalée. Inversement, la banque « eau hypersalée » est issue de la soustraction EH-ED et est donc enrichie en séquences induites en conditions d'eau hypersalée.

I.2.2. Validation des banques SSH

Les résultats des banques ont été validés en utilisant la technique de PCR en temps réel (rt-PCR). L'expression de 15 gènes dont sept issus de la banque ED et huit de la banque EH a été analysée par rt-PCR. Cette analyse a été effectuée sur six individus par condition afin de teneur compte de la variation interindividuelle. Les informations concernant les tests d'efficacité des amorces, les réactions de PCR, le programme d'amplification et le calcul de l'expression relative des gènes sont détaillées dans la partie matériel et méthode (*p. 46 à 49*).

I.3. Résultats

I.3.1. Caractéristiques des banques SSH d'eau douce et d'eau hypersalée

Les 384 clones sélectionnés au hasard et séquencés dans les deux sens ont donné 302 EST pour la banque ED et 298 ESTs pour la banque EH, soit un pourcentage de 78,6 et 77,6% respectivement. Les séquences de la banque ED ont été assemblées en 210 séquences non redondantes dont 162 singletons et 48 contigs (séquences chevauchantes assemblées). Celles de la banque EH ont donné 107 séquences non redondantes constituées de 162 singletons et 60 contigs (**tableau 2**). Parmi les contigs qui ont été formés, seuls 15 (constitués de 39 et 47 séquences provenant respectivement des banques ED et EH) sont communs aux deux banques, ce qui représente une redondance de 22,81% entre les deux banques.

Tableau 2 : Comparaison des caractéristiques générales entre les deux banques SSH. ED : eau douce; EH : eau hypersalée.

	Banque ED	Banque EH	Total
Nombre de clones séquencés	384	384	768
Nombre d'ADNc unique séquencés	302	298	600
Singletons	162	107	269
Contigs	48	60	108
ADNc qui BLAST	182	143	325
ADNc qui ne BLAST	29	28	57
ADNc de fonction connue	110	87	197

L'analyse de toutes les séquences selon leur redondance démontre qu'une grande majorité des séquences (71,4%) n'est présente qu'une seule fois dans l'ensemble du jeu de données, seule 16,7% des séquences seraient présentes deux fois (**Fig. 23**).

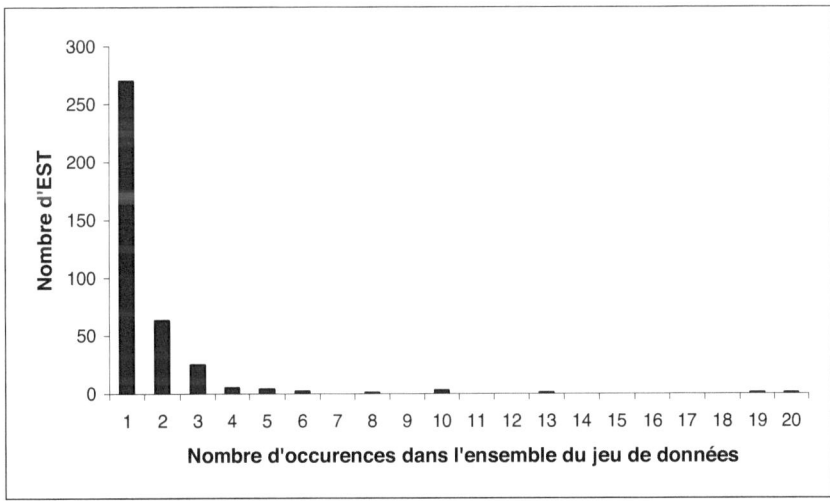

Figure 23: Histogramme représentant les nombres d'occurrences des gènes dans l'ensemble du jeu de données. Le nombre d'occurrences (axe des abscisses) varie de 1 à 20, ce qui signifie que le gène le plus fréquent est présent 20 fois dans une des deux banques.

Les recherches d'homologies dans les bases de données, SwissProt et GenBank, révèlent que parmi les 210 séquences non redondantes identifiées dans la banque ED, 182 possèdent une forte similarité (E-value < 10^{-12}) avec des gènes qui ont été identifiés chez d'autres organismes. De même, parmi les 167 séquences non redondantes de la banque EH, 143 ont une forte similarité avec les séquences des bases de données. Parmi les séquences qui ont montré une forte homologie avec les gènes des bases de données, 197 (110 et 87 pour les banques ED et EH respectivement) correspondent à des protéines connues (**tableau 3**).

Tableau 3 : Liste des gènes de fonctions connues identifiés dans les deux banques SSH. Les noms en gras correspondent aux gènes analysés en PCR en temps réel pour la validation des banques.

Banque eau douce (ED)	Banque eau hypersalée (EH)
Alpha actin	5-nucleotidase domain containing 2
Alpha globin	60s acidic ribosomal protein p1
Anaphase promoting complex subunit 2	ADP/ATP translocase
Annexin a3	Aminolevulinic acid synthase, isoform CRA_a
Arginine-glutamic acid dipeptiderepeats	Apolipoprotein a-i
ATPase H+ transporting V1 subunit G isoform 1	Arsenate resistance protein 2
Autosomal dominant 5	ATP synthase 6
	ATP synthase, H+ transporting, mitochondrial F0
Ba1 globin	complex, subunit C3 (subunit 9)
	ATP synthase, H+ transporting, mitochondrial F1
Ba2 globin	complex, beta polypeptide
Band 3 anion exchange protein TP v (anion)	ATP5a1 protein
Basic transcription factor 3 (BTF3a)	Beta chain isoform 3
Beta-2 microglobulin	Calpain 1
Beta-lactamase domain protein	Calpain 5
Ca^{2+}cardiac fast twitch 1	**Carbonic anhydrase vi**
Calmodulin 1	Carcinolectin 5a isoform
Carbohydrate (N-acetylgalactosamine 4-0)	
sulfotransferase 9	Chromatin modifying protein 5
Caspase apoptosis-related cysteine peptidase	Cysteine-angiogenic61
CCAAT enhancer binding protein (c ebp)delta	**Cytochrome c oxidase subunit I**
Chemokine (c-c motif) ligand 20	Cytochrome c oxidase subunit II
Chemokine (c-x-c motif) receptor 4	Cytochrome c oxidase subunit III
Chromosome 9 open reading frame 123	Cytochrome oxidase biogenesis protein OXA1
Collagen type alpha 1	Delta- aminolevulinate synthase
Collagen type alpha 2	Delta-synthaseisoform cra_a
Collagen type alpha 3	Dynamin 1-like
Cub and zona pellucida-like domains 1	Embryonic nuclear protein 1
Cystatin	Eukaryotic translation elongation factor 1 gamma
Cytochrome c oxidase subunit iv isoform 2	Eukaryotic translation initiation factorsubunit 1 alpha
Cytoplasmic antiproteinase 2 (Serpin b8)	**Fatty acid binding protein h6-isoform**
Damage-specific dna binding protein127kda	Ferritin h-3
Dynamin binding protein	Ficolin 3
Elongation factor 1 alpha	Ficolin 1
EST homologous factor	**Glutathione peroxidase**
Fc fragment of binding protein	Glyceraldehyde-3-phosphate dehydrogenase
Ferritin heavy chain	Guanosine monophosphate reductase
FK506 binding protein 5	**Heat shock protein 8**
Forkhead box q1	Hemoglobin alpha chain
Gastrulation specific protein	Inner membrane protein mitochondrial precursor
GDP-mannose 6-dehydratase	Keratin 18
Glutathione s-transferase 1	Keratin 8
Glutathione s-transferase theta 2	Keratin k10
Granulin-A precursor	Keratinocyte associated protein 3
Growth modulatory factor	Light polypeptidesmooth muscle and non-muscle
GTP binding protein 4	LOC407683 protein
H2a histone member v	lsm7u6 small nuclear rna associated
H3 histone, family 3A	Metallothionein

Tableau 3 suite

Banque eau douce (ED)	Banque eau hypersalée (EH)
HAT dimerisation	MGC76235 protein
Heavy polypeptide 1	MGC81154 protein
Helicase with zinc finger domain	Microfibrillar-associated protein 4
HSPC049 protein	Myoglobin
Imap family member 7	Myosin heavy chain
Isocitrate dehydrogenase 1 (NADP+), soluble	**Na+,K+alpha 1 polypeptide**
Isocitrate dehydrogenase 2 (nadp+) mitochondrial	NADH dehydrogenase subunit 4
Keratin 12	**NADH dehydrogenase1 beta18kda**
Keratin 4 (krt4 protein)	Nascent polypeptide-associated complex alpha polypeptide
Lactate dehydrogenase b	Non-metastatic cellsproteinexpressed in
Light polypeptide regulatory	Novel proteincytochrome c oxidase subunit vb
LOC560949 protein	Novel transposase
Maternal g10 transcript	ORF2-encoded protein
MHC class II alpha subunit	Phosphoglycerate kinase 1
Mid1 interacting g12-like protein	Phosphoglycerate mutase
Mitogen-activated protein kinase-activated protein kinase 5	Phosphoglycerate mutase 1
Myc-associated factor x	Reverse transcriptase
Nidogen 1	Reverse transcriptase-like protein
Novel ubiquinol-cytochrome c chaperone domain containing protein	Ribosomal protein l18a
Nucleoside diphosphate kinase 3	Ribosomal protein l19
Ovomucin alpha-subunit	Ribosomal protein l35a
Paf1/RNA polymerase II complex component, homolog	Ribosomal protein l8
Periplakin	Ribosomal protein P0 (Rplp0 protein)
PLAC8-like protein 1	Ribosomal protein s3a
Poly A binding cytoplasmic 1 b	Ribosomal protein s9
Prosaposin	Solute carrier family 25 member 6
Proteasome (prosome, macropain) 26S subunit, non-ATPase, 1	Splicing factor 3B subunit 3
Protective protein for beta-galactosidase	Succinate-Coenzyme A ligase, GDP-forming, beta subunit (Suclg2)
Protein tyrosine kinase 9 (PTK9)	Tachylectin 5a from tachypleus tridentatus
Receptor for activated protein kinase c	Tc1-like transporase
Reverse transcriptase 1	Techylectin-5A precursor (TL5A_TACTR)
Rh type c glycoprotein	Tissue factor pathway inhibitor 2
RHO GDP dissociation inhibitoralpha	Tn5 Transposase
Ribosomal protein l13a	TPA_exp: transposase
Ribosomal protein l27a	Transient receptor potential cation subfamily member 4
Ribosomal protein l3	Ubiquinol-cytochrome c reductase core protein ii
Ribosomal protein l36	Ubiquinol-cytochrome crieske iron-sulfur polypeptide 1
Ribosomal protein l4	Vacuolar ATPase subunit H
Ribosomal protein l6	Vegetative cell wall protein partial
Ribosomal protein l7	**Voltage-dependent anion channel 2**
Ribosomal protein s13	Warm temperature acclimation-related 65 kda protein
Ribosomal protein s17	Zinc finger protein 36-like 3

Tableau 3 suite

Banque eau douce (ED)	Banque eau hypersalée (EH)
Ribosomal protein s2	
Ribosomal protein s20	
Ribosomal protein s3a	
Ribosomal protein s6	
Ribosomal large p2	
RNA intron-encoded endonuclease	
Sarco-endoplasmic reticulum calcium ATPase	
Serpin peptidase inhibitor, clade B (ovalbumin)	
Signal peptide peptidase-like 2a	
Solute carrier family member 5	
T-complex polypeptide 1	
THO complex 6 homolog	
Tubulin alpha-1	
Tubulin alpha-1C chain	
Tubulin beta-2	
Tubulin, beta 2c (Tubb2c)	
Type I enveloping layer	
UBA and WWE domain containing 1	
Ubiquilin 4	
Ubiquitin-conjugating enzyme E2E 2 (UBC4/5 homolog, yeast) (UBE2E2)	
Zgc:123161 protein	
Zinc finger protein 623	
Zinc finger, BED-type containing 1 (ZBED1)	

I.3.2. Classification fonctionnelle des gènes issus des banques d'ED et d'EH

Les 181 et 139 séquences uniques isolées respectivement des banques ED et EH ont été classées en 14 catégories fonctionnelles (**Fig. 24A**) suivant les processus biologiques (niveau 2) dans lesquels ils sont impliqués à l'aide du programme Blast2 de Gene Ontology (Blast2GO) (Conesa et al., 2005). Sept catégories fonctionnelles sont particulièrement bien représentées en eau douce. Elles sont par ordre croissant les 'processus cellulaire' (PC), 'processus métabolique' (PM), 'régulation biologique' (RB), 'réponse au stimulus' (RS), 'processus homéostatique' (PH), 'processus développemental' (PD), 'processus organismal multicellulaire' (POM). En eau hypersalée, PC, PM et 'localisation' (LL) sont les catégories fonctionnelles les plus représentées. Les autres catégories fonctionnelles restent faiblement représentées. En termes de proportions de gènes, aucune différence n'a été observée entre ED et EH pour la catégorie PM. Les catégories RB, RS, PH, PMO and PD sont largement plus représentées en eau douce tandis que les catégories PC et LL sont plus abondantes en EH.

La sous classification en niveau 3 suivant le processus biologique, indique la présence de gènes impliqués dans le 'métabolisme primaire' (MP) uniquement en EH (**Fig. 25**). Les gènes appartenant à la sous catégorie 'processus métabolique des macromolécules' (MM), 'processus catabolique' (PC), 'communication cellulaire' (CC) et 'établissement et localisation' (EL) sont plus représentés en EH tandis que ceux reliés au 'métabolisme secondaire' (MS), à l'homéostasie chimique' (HCM), 'développement des organismes multicellulaires' (DOM), et 'réponse au stress' (RS) sont plus abondantes en EH

En termes de fonction moléculaire, la classification par Blas2GO toujours au niveau 2 a défini 10 catégories fonctionnelles (**Fig. 24B**). Les catégories 'protéines de liaison' (PL), 'activité de transport' (AT) et 'activité catabolique' (AC) sont prédominantes dans les deux banques. Les autres catégories fonctionnelles sont faiblement représentées. La comparaison des deux banques en termes de proportion de gènes montre de légères différences entre les catégories PL et AT. En revanche la catégorie 'molécule structurale' (MS) est plus abondante en ED tandis que la catégorie AC est largement plus représentée en EH.

En termes de composition cellulaire, la moitié des gènes est reliée la composante cellulaire (cell) tandis que plus du quart est en relation avec les organites cellulaires (Organite) (**Fig. 24C**). Elles sont suivies par les catégories 'complexe de protéines' (Comp. Prot.), 'région extracellulaire' (Rég. Extr.). Les catégories, 'matrice extracellulaire' (Mat.Extr.), 'enveloppe' (Envel.) et 'lumière cellulaire' (Lum. Cel.) sont moins représentées. Les catégories 'organelle', et Comp. Prot. sont plus abondantes en ED tandis que celles Rég. Extr. et Envel. sont prédominantes en EH.

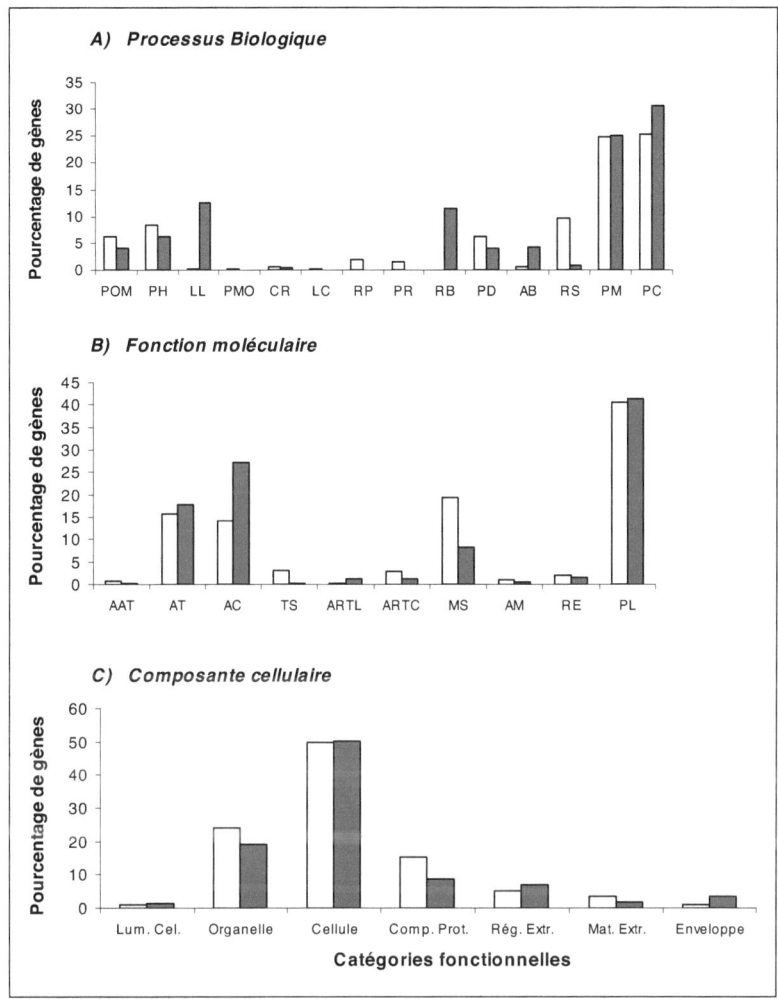

Figure 24: Classification des 320 séquences uniques en catégories fonctionnelle suivant le :

A) Processus biologique : processus organismal multicellulaire' (POM) ; 'processus homéostatique' (PH) ; 'localisation' (LL) ; 'processus multi-organisme' (PMO) ; 'Croissance' (CR) ; 'locomotion' (LC) ; 'reproduction' (RP) ; 'processus reproductifs (PR) ; 'régulation biologique' (RB) ; 'processus développemental' (PD) ; 'adhésion biologique' (AD) ; 'réponse au stimulus' (RS) ; 'processus métabolique' (PM) ; 'processus cellulaire' (PC).

B) Fonction moléculaire : 'activité auxiliaire de transport' (AAT) ; 'activité de transport' (AT) ; 'activité catabolique' (AC) ; 'activité de régulateur de translation' (ARTL) ; 'activité de régulateur de transcription' (ARTC) ; 'molécule structurale' (MS) ; 'activité motrice' (AM) ; 'régulateur d'enzymes' (RE) ; 'protéines de liaison' (PL).

C) Composante cellulaire : 'lumière cellulaire' (Lum. Cel.) ; 'organelle'; 'cellule'; 'complexe de protéines' (Comp. Prot.) ; 'région extracellulaire' (Rég. Extr.) ; 'matrice extracellulaire' (Mat. Extr.) ; 'enveloppe'.

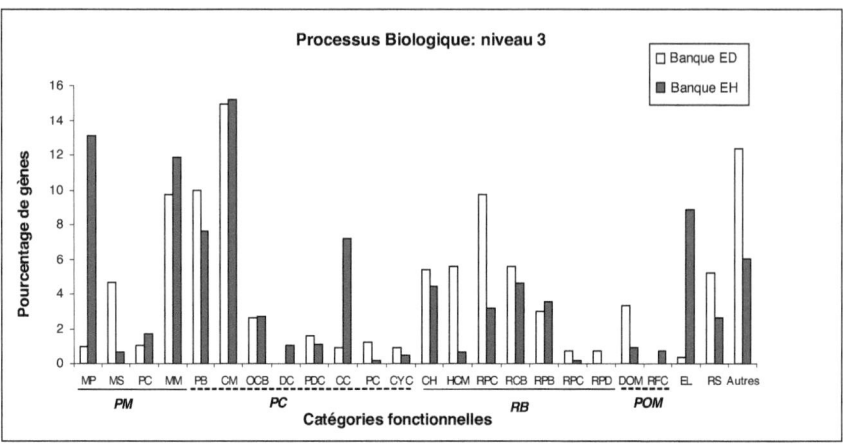

Figure 25 : Classification des 320 séquences uniques en catégories fonctionnelles suivant le processus biologique dans lequel elles sont impliquées (troisième niveau de BlastGO).
- *Processus métabolique : PM* (MP: métabolisme primaire; MS: métabolisme secondaire; PC: processus cataboliques ; MM: métabolisme des macromolécules),
- *Processus cellulaire : PC* (PB: processus de biosynthèse ; CM: processus métaboliques cellulaires ; OCB: organisation des composantes cellulaires et biosynthèse ; DC: développement cellulaire ; PDC: processus de développement cellulaire ; CC: communication cellulaire ; PC: prolifération cellulaire ; CYC: cycle cellulaire),
- *Régulation biologique : RB* (CH: homéostasie cellulaire ; HCM: homéostasie chimique ; RPC: régulation des processus cellulaires ; RCB: régulation de la qualité biologique ; RPB: régulation des processus biologiques ; RPC: régulation de la prolifération cellulaire ; RPD: régulation des processus de développement),
- *Processus organismal multicellulaire : POM* (DOM: développement des organismes multicellulaires ; RFC: régulation des fluides corporels) ; EL : établissement et localisation ; RS : réponse au stress ; Aut. : autres sous catégories (plus de 40 pour chaque banque).

I.3.3. Analyse d'expression des gènes

Une première analyse d'expression par PCR en temps réel effectuée sur 15 gènes sélectionnés a montré que 10 d'entre eux présentent des différences d'expression relative significatives entre les poissons acclimatés à l'ED et ceux maintenus en EH (**Fig. 26A, B**). Les gènes codant pour le band-3 anion exchange protein (*BAEP*), la calmoduline (*CaM*), la MAP kinase-activated protein kinase (*MAPK*) et la glutathion S-transferase (*GST*) sont surexprimés en ED (**Fig. 26A**) tandis que ceux qui codent pour la sous unité-α de la Na$^+$, K$^+$-ATPase (*NAKA*), l'anhydrase carbonique (*AC*), la voltage-dependent anion channel (*VDAC*) et la fatty acid binding protein (*FABP*), le Cytochrome C oxydase 1 (*Cyt.C*) et la NADH déshydrogénase (*NADH*) sont surexprimés en EH (**Fig. 26B**). Les 5 autres gènes codant pour une protéine du reticulum sarco-endoplasmique (SR), la Ca^{2+}-ATPase (*SERCA*), le basic transcription factor 3 (*BTF3a*), le lactate déshydrogénase (*LDH*), la glutathione peroxydase (*GPX*) et la heat-shock protein 70 (*HSP70*) n'ont pas montré de différences significatives entre les deux banques.

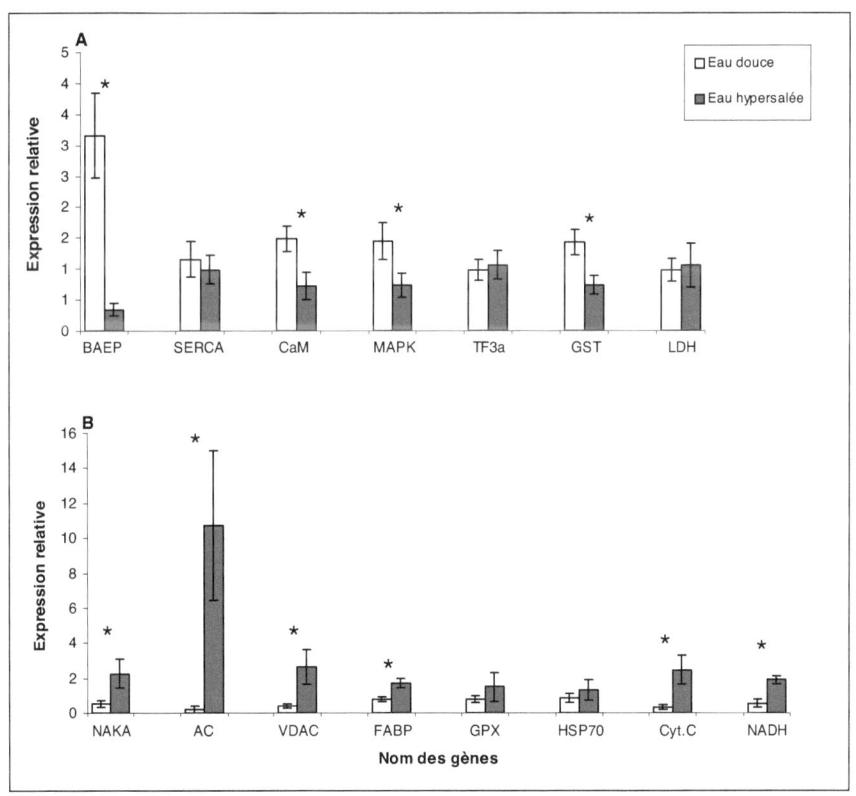

Figure 26: Expression relative normalisée par la β-actine des 15 gènes (7 en eau douce et 8 en eau hypersalée) représentatifs des différentes catégories fonctionnelles identifiées dans les deux banques. A et B représentent respectivement les niveaux d'ARNm de ces gènes dans les branchies du tilapia *S. melanotheron* exposé à l'eau douce et à l'eau hypersalée pendant 45 jours. VDAC: voltage-dependent anion channel; NAKA : Na⁺, K⁺-ATPase alpha; HSP70: heat-shock protein 70; GPX : glutathione peroxydase; FABP: fatty acid binding protein; AC: anhydrase carbonique; Cyt.C : Cytochrome C oxydase 1 ; NADH : NADH déshydrogénase ; SERCA: sarco-endoplasmic reticulum (SR) Ca^{2+}-ATPase; LDH : lactate déshydrogénase, BTF3a: basic transcription factor 3; GST :glutathione S-transferase; BAEP: band 3 anion exchange protein; CaM: calmoduline; MAPK: MAP kinase-activated protein kinase. Les données représentent les moyennes ± SD (n = 6) et les étoiles au dessus de chaque barre indiquent des valeurs de moyennes signicativement différentes ($P < 0.05$) avec le test de Kolmogorov-Smirnov.

La seconde analyse d'expression réalisée sur les échantillons de Joal issus d'une seconde expérimentation (conditions expérimentales similaires) confirme les résultats initialement obtenus sur la souche du Saloum à l'exception de l'anhydrase carbonique et de la FABP qui n'ont pas montré des différences significatives dans la seconde analyse (**Fig. 27A, B**).

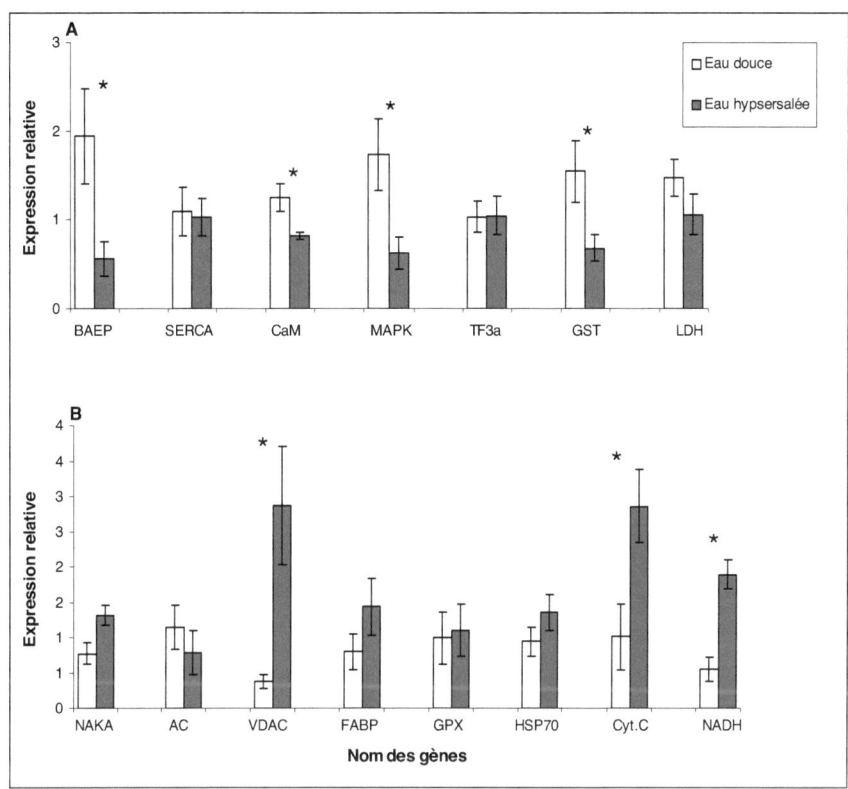

Figure 27: Expression relative des 15 gènes (7 en eau douce et 8 en eau hypersalée) représentatifs des différentes catégories fonctionnelles identifiées dans les deux banques (expression normalisée à l'aide du gène de la β-actine) dans les branchies de tilapia *S. melanotheron* soumis à un choc hypo-osmotique (0 psu) (A) et hyper-osmotique (70 psu) (B) pendant 10 jours. *VDAC*: voltage-dependent anion channel; *NAKA* : Na^+, K^+-ATPase alpha; *HSP70*: heat-shock protein 70; *GPX* : glutathione peroxydase; *FABP:* fatty acid binding protein; *AC*: anhydrase carbonique; *Cyt.C* : Cytochrome C oxydase-1 ; *NADH* : NADH déshydrogénase ; *SERCA*: sarco-endoplasmic reticulum (SR) Ca^{2+}-ATPase; *LDH* : lactate déshydrogénase, *BTF3a*: basic transcription factor 3; *GST* :glutathione S-transferase; *BAEP*: band 3 anion exchange protein; *CaM*: calmoduline; *MAPK*: MAP kinase-activated protein kinase. Les données représentent les moyennes ± SD (n = 6) et les étoiles au dessus de chaque barre indiquent des valeurs de moyennes signicativement différentes ($P < 0.05$) avec le test de Kolmogorov-Smirnov.

I.4. Discussion

Le but de cette étude était d'identifier des gènes les plus sollicités dans les branchies du tilapia (*S. melanotheron*) pour l'acclimatation à long terme à des salinités extrêmes (ED et EH). Cette approche basée sur la construction de banque d'ADNc a permis d'isoler une large gamme de gènes potentiellement exprimés différentiellement entre des poissons vivant en eau douce et d'autres vivant dans de l'eau hypersalée. Globalement, les résultats des analyses d'expression par rt-PCR confirment le caractère différentiel des gènes identifiés dans les banques ED et EH. L'absence de différences significatives entre conditions pour certains gènes pourrait être due à la grande variabilité interindividuelle, liée probablement au fait que les banques ont été réalisées avec des pools de branchies poissons (5 individus) et les analyses de rt-PCR faites sur des branchies prises individuellement. De plus, bien que les autres paramètres environnementaux aient été maintenus constants, l'expression de certains gènes pourrait être affectée par des facteurs intrinsèques à l'animal. C'est particulièrement le cas pour la *SERCA* dont l'expression pourrait être induite par la concentration cytoplasmique de Ca^{2+} mais aussi par la contraction musculaire (Igarashi-Saito et al., 1998). Les effets combinés de ces facteurs pourraient masquer les différences des niveaux d'expression des ARNm entre conditions.

I.4.1. Gènes de l'activité cellulaire

L'une des catégories fonctionnelles les plus représentées dans les deux banques est la catégorie 'processus cellulaire'. Les gènes appartenant à cette catégorie sont impliqués dans les processus de biosynthèse, le métabolisme cellulaire, les processus de développement, la communication, la prolifération et le cycle cellulaire. D'autre sont reliés à la mortalité et à l'homéostasie cellulaire. L'abondance des gènes impliqués dans ces processus pourrait refléter une augmentation de l'activité cellulaire pendant l'acclimatation à l'eau douce et à l'eau hypersalée. La présence de plus de la moitié des gènes dans la composante cellulaire est en accord avec cette hypothèse. L'augmentation de l'activité cellulaire pourrait traduire les modifications cellulaires associées à l'acclimatation à l'eau douce et à l'eau hypersalée. Il a été démontré que

93

l'acclimatation à des salinités différentes est accompagnée par des modifications des cellules à chlorure (Foskett et al., 1981; Kültz and Jürss, 1993). Ces changements correspondent à une augmentation du nombre de cellules à travers un recrutement à partir de cellules souches mais également de leur taille. Ainsi, il a été démontré que le nombre de cellules à chlorure augmente lorsque que le tilapia *O. mossambicus* est transféré de l'eau douce à l'eau de mer (Hiroi et al., 2005b). Les modifications cellulaires associées à l'acclimatation aux changements de salinité pourraient porter aussi sur les changements du type de cellule, par exemple des cellules permettant d'absorption des ions en eau douce sont remplacées par des cellules spécialisées dans la sécrétion des ions en conditions hyperosmotiques (Hiroi et al., 2005a; Hiroi et al., 2005b). De tels phénomènes pourraient expliquer l'abondance des gènes impliqués dans les processus cellulaires en eau douce et en eau hypersalée chez le tilapia *S. melanotheron*.

I.4.2. Gènes du métabolisme

Les gènes impliqués dans les processus métaboliques sont largement représentés aussi bien dans la banque EH que dans la banque ED, suggérant des demandes énergétiques importantes pour l'acclimatation à ces conditions. En effet, dans les deux conditions (ED, EH) les poissons doivent maintenir leur équilibre hydrominéral en activant les mécanismes de transport d'ions et d'eau, processus qui sont énergétiquement coûteux (Jensen et al., 1998; Varsamos et al., 2002). Cette hypothèse est en accord avec l'abondance des gènes impliqués dans les activités de transport et de régulations physiologiques chez les poissons acclimatés à l'eau douce et à l'eau hypersalée. Cependant, la proportion plus importante de gènes reliés à l'activité catalytique, au métabolisme primaire et des macromolécules semble indiquer une demande énergétique plus élevée chez les poissons acclimatés à l'EH. Cette hypothèse est d'ailleurs confortée par la présence de plusieurs transcrits codés par :

(i)   des gènes impliqués dans la glycolyse tels que la glycéraldéhyde-3-phosphate déshydrogénase (GAPDH), la phosphoglycerate mutase et la phosphoglycerate kinase dans la banque EH. En effet, étant donné qu'une partie de l'ATP utilisé pour le fonctionnement des pompes ioniques provient de la glycolyse cytoplasmique, une intensification de l'activité des pompes impliquerait une augmentation de la glycolyse (Sangiao-Alvarellos et al., 2003).

(ii)   des gènes codant pour les facteurs de la chaîne respiratoire mitochondriale (NADH déshydrogénase, cytochrome-c oxydase, ATP-synthétase), siège de la phosphorylation oxydative dans la banque EH. Cette voie métabolique fournirait 90% de l'ATP nécessaire pour le fonctionnement de la cellule (Kadenbach, 2003). En outre, la présence des transcrits du gène codant pour la sous-unité I du cytochrome dans plusieurs clones est en accord avec une activité métabolique plus importante en EH.

Les résultats des banques SSH semblent indiquer que l'acclimatation à l'ED et à l'EH s'accompagne d'une augmentation de l'activité métabolique, qui serait plus élevée en EH. Cependant, des études supplémentaires basées sur des mesures de l'activité métabolique, de l'expression des gènes en fonction de la salinité seraient nécessaires pour vérifier cette hypothèse.

I.4.3. Gènes de stress et de détoxification

La présence de transcrits de gènes codant pour des protéines impliquées dans la détoxification et le stress aussi bien en eau douce qu'en eau hypersalée pourrait être liée au stress osmotique auquel les poissons sont soumis dans ces deux conditions. La présence d'enzymes antioxydantes comme la glutathione S transférase (*GST*) et la glutathione peroxydase (*GPX*) en eau douce et en eau hypersalée est en accord avec cette supposition. En effet, les antioxydants éliminent de la cellule les espèces réactives oxygénées (ROS) formées pendant l'activité métabolique (Lushchak et al., 2005). Les poissons subissant un choc osmotique pourraient exprimer des protéines de stress (heat-shock) et des protéines chaperonnes pour éviter la rupture et la dégradations des protéines (Deane et al., 2002). Dans les branchies de la daurade *S. sarba*, trois gènes de la famille des HSP (*HSP70, HSC70 and HSF1*) sont surexprimés en eau hypersalée (55 psu) alors qu'ils sont sous-exprimés à une salinité de 33 psu (Deane and Woo, 2004). Ces auteurs suggèrent qu'il y aurait un seuil de tolérance à la salinité au delà duquel les protéines de stress sont activées pour empêcher les dommages cellulaires. L'absence de différence significative d'expression du gène codant l'*HSP70* chez *S. melanotheron* en eau douce (0 psu) et en eau hypersalée (70 psu) pourrait suggérer l'existence d'un seuil de tolérance plus élevé chez cette espèce.

En résumé, cette étude indique que l'acclimatation de *S. melanotheron* à l'eau douce comme à l'eau hypersalée induit une activation de processus cellulaires, probablement liée aux modifications de l'épithélium branchial en réponse aux changements de salinité. L'acclimatation à ED et à EH semble induire une surexpression des gènes impliqués dans les mécanismes de transport des ions, dans la régulation biologique et dans les processus métaboliques. L'acclimatation à l'EH semble être plus énergétiquement coûteuse que l'acclimatation à l'ED. Les gènes caractérisés dans cette étude semblent être cruciaux pour l'acclimatation du tilapia à diverses salinités. Par conséquent, ils constituent de bons gènes candidats pour l'étude des mécanismes moléculaires de l'acclimatation des poissons à des salinités extrêmes. L'expression de ces gènes sera analysée dans les chapitres suivants chez des populations naturelles du tilapia *S. melanotheron* acclimatées à différentes salinités. Les autres perspectives de ce travail pourraient porter sur l'étude des corrélations de cette expression différentielle de gènes en termes de protéines et de fonction cellulaire. Ceci pourrait permettre de clarifier certains des mécanismes permettant au tilapia, *S. melanotheron* de tolérer une large gamme de salinité.

Deuxième Partie

Intégration des données expérimentales et en populations naturelles

Chapitre II. Variations interindividuelles

II.1. Introduction

Dans cette partie nous essayons de définir des groupes de gènes ayant des profils d'expression corrélés dans le but de pouvoir ultérieurement nous intéresser aux fonctions qu'ils jouent et qui pourraient justifier la corrélation de leur expression. Cette étude a aussi pour objectif l'évaluation de la variation interindividuelle de l'expression des gènes chez le tilapia *S. melanotheron* et l'identification des facteurs qui en sont potentiellement responsables. Afin de réaliser ces objectifs, nous avons analysé l'expression relative de 11 gènes identifiés à l'aide de banques soustractives (*cf. Chapitre I, p.53*). Ces gènes ont été choisis suivant quatre critères :

- présence dans une seule des deux banques,
- forte occurrence dans une banque,
- appartenance aux catégories fonctionnelles les plus représentées,
- implication dans la régulation homéostatique ou aux processus qui lui sont associés.

Une première analyse a été effectuée en conditions expérimentales dans deux conditions de salinité différentes (ED et EH). Cette expérimentation a permis d'une part, d'éviter l'influence d'autres facteurs environnementaux et d'autre part d'évaluer l'influence de la salinité en comparant les deux conditions. Une deuxième analyse a été réalisée en conditions naturelles pour évaluer l'effet de l'hétérogénéité des facteurs environnementaux sur la variation interindividuelle de l'expression des gènes.

II.2. Matériel et méthodes

II.2.1. Animaux et expérimentations

Les échantillons expérimentaux analysés dans cette partie sont issus de la même expérimentation qui a servi à la réalisation des banques SSH (*cf. Chapitre I, III, p. 34*). Les échantillons naturels analysés ont été collectés en mai 2006 (saison sèche) dans les stations du lac Guiers (0 psu), de Balingho (24 psu), de la baie de Hann (37 psu), de Missirah (40 psu), de Foundiougne (60 psu) et de Kaolack (100 psu) (*cf. matériel et méthodes, I. p.33*).

II.2.2. Extraction des ARN totaux et analyses de PCR en temps réel

Les ARN totaux ont été préparés à partir de branchies de poissons acclimatés à l'eau douce et à l'eau hypersalée pendant 45 jours et de poissons provenant du milieu naturel à l'aide de la méthode TRIZOL® reagent (Gibco-BRL, USA) (*cf. matériel et méthodes, IV.1, p.38*). Au total, 11 gènes dont quatre (calmoduline 1, MAP kinase-activated protein kinase, glutathione S-transferase, band 3 anion exchange protein) identifiés dans la banque ED et sept (fatty acid binding protein, cytochrome c oxydase 1, NADH déshydrogénase, anhydrase carbonique, voltage-dependent anion channel, Na^+, K^+-ATPase alpha 1, heat-shock protein 70) dans la banque EH ont été analysés chez les populations expérimentales et naturelles. La quantification a été effectuée pour chaque individu (6 individus par condition expérimentale et 10 par population naturelle échantillonnée en mai 2006) de façon à pouvoir évaluer les variations interindividuelles. La synthèse du premier brin d'ADNc, la réaction de PCR en temps réel et le calcul des expressions relatives ont été effectués suivant un protocole identique à celui décrit dans la partie matériel et méthodes (*cf.VI.2. p. 47, VI.4, p. 50*). Cependant, pour les populations naturelles les réactions de PCR ont été exécutées dans une microplaque de 384 puits afin de pouvoir effectuer la quantification des gènes d'intérêt et de référence en même temps, et de comparer l'expression relative du gène d'intérêt entre 6 populations en utilisant 10 individus par population.

II.2.3. Analyses statistiques

II.2.3.1. Analyses en composantes principales

L'analyse en composantes principales (ACP) a été appliquée sur l'ensemble de notre jeu de données pour évaluer les liaisons entre les variables (gènes) mais également pour structurer l'ensemble des individus en groupes suivant leur profil d'expression. Pour cela, un tableau contenant la totalité des données brutes (gènes et individus) a été réalisé. Les niveaux d'expression des gènes ont été traités en variables actives dans l'ACP. Les individus sont également intégrés dans le tableau et traités en temps que variables actives. Cette méthode d'analyse permet de visualiser dans un même graphique, la variabilité interpopulationnelle (projection des centres de gravité) et la variabilité interindividuelle (projection des individus). L'ACP traite la somme des informations obtenues pour chaque individu, puis positionne l'ensemble des points correspondant aux individus et aux variables dans un espace multidimensionnel dont les axes correspondent aux vecteurs et valeurs propres de la matrice des distances interindividuelles (distance du X2). L'autre avantage de cette méthode est de caractériser chaque individu en fonction de l'ensemble des variables et de calculer la contribution de chaque variable à la variabilité globale de l'échantillon.

II.2.3.2. Classification hiérarchique ascendante

Pour montrer l'existence des groupes définis par l'ACP d'une autre manière, nous avons utilisé l'agglomération hiérarchique ascendante. Dans le cadre de cette étude, cette méthode consiste à rechercher les individus qui sont proches en termes de niveaux d'expression et à les relier entre eux par des branches dont la longueur traduit leur proximité. On obtient ainsi une suite de partitions en n classes, n-1 classes, n-2 classes etc., imbriquées les unes dans les autres et dont chacune est obtenue en regroupant les partitions précédentes. Le regroupement des individus (agrégations) dans le dendrogramme est déterminé par la distance qui les sépare (indice d'agrégation), qui est représentée par la longueur des branches. Concernant la partition, il est généralement pertinent d'effectuer la coupure après les agrégations correspondant à des valeurs peu élevées de l'indice et avant les agrégations correspondant à des valeurs élevées.

II.2.3.3. Classification non hiérarchique des k-moyennes

Cette méthode a été utilisée pour déterminer les variables (gènes) qui expliquent la répartition des individus en groupes. Cette méthode de classification produit directement une partition en un nombre fixe de classes imposé au logiciel (Statistica) au cours des traitements. Dans notre cas, nous avons utilisé ce type de classification pour identifier des groupes de gènes qui expliqueraient les classes définies en conditions naturelles par l'ACP et la classification hiérarchique ascendante.

II.2.3.4. Distribution des moyennes et écart-types

Nous avons calculé la moyenne et l'écart-type de l'expression relative des 11 gènes pour chaque individu. Chaque individu est caractérisé par 11 valeurs d'expression relative correspondant aux 11 gènes analysés. La moyenne et l'écart-type de ces 11 valeurs ont été calculés pour chacun des 12 individus (6 par conditions) qui ont été analysés en condition expérimentale. La moyenne et l'écart-type de chacun des 60 des individus (10 par population) analysés en milieu naturel ont été calculés de la même manière. La comparaison des valeurs de moyennes et d'écart-types pour chaque individu permet d'évaluer la variation interindividuelle. Un écart-type supérieur à la moyenne montre une variation interindividuelle importante.

II.3. Résultats

II.3.1. Salinité et température de l'eau

Trois campagnes d'échantillonnage ont été réalisées : deux en fin de saison sèche (juin 2005 et mai 2006) et une en saison des pluies (octobre 2006). Dans les stations de Lac de Guiers et de Baie de Hann, la salinité était constante (respectivement 0 et 37) **(Fig. 28A)**. En saison sèche la salinité de l'estuaire du Saloum était supérieure à celle de l'eau de mer alors que dans l'estuaire de la Gambie, elle était inférieure à la salinité de l'eau de mer. En saison des pluies, la salinité dans les deux estuaires était inférieure à celle de l'eau de mer dans toutes les stations exceptées à Foundiougne (37 psu). Les plus fortes salinités enregistrées étaient en saison sèche dans l'estuaire du Saloum à Kaolack (101 et

100 psu) alors qu'elle n'était que de 28 psu en saison des pluies, faisant de cette station celle qui subit la plus forte variation de salinité entre les saisons. Avec un passage de 24 à 0 psu à Balingho et de 60 à 37 psu à Foundiougne, ces deux stations sont les secondes à montrer la plus grande variation saisonnière de salinité.

La température de l'eau **(Fig. 28B)** était globalement plus élevée en saison des pluies qu'en saison sèche dans toutes les stations sauf à Balingho où la température enregistrée en juin 2005 (saison sèche) était égale à celle d'octobre 2006 (saison des pluies). Les différences de température entre les saisons étaient relativement faibles sauf au niveau des stations du lac de Guiers et de la baie de Hann où les écarts étaient plus élevés (8,5 et 10°C, respectivement). En saison des pluies, la température de l'eau était plus élevée dans les stations du lac de Guiers et de la baie de Hann et plus faible dans la station de Kaolack. En revanche, la température de l'eau était plus élevée à Balingho en saison sèche et plus faible dans la baie de Hann.

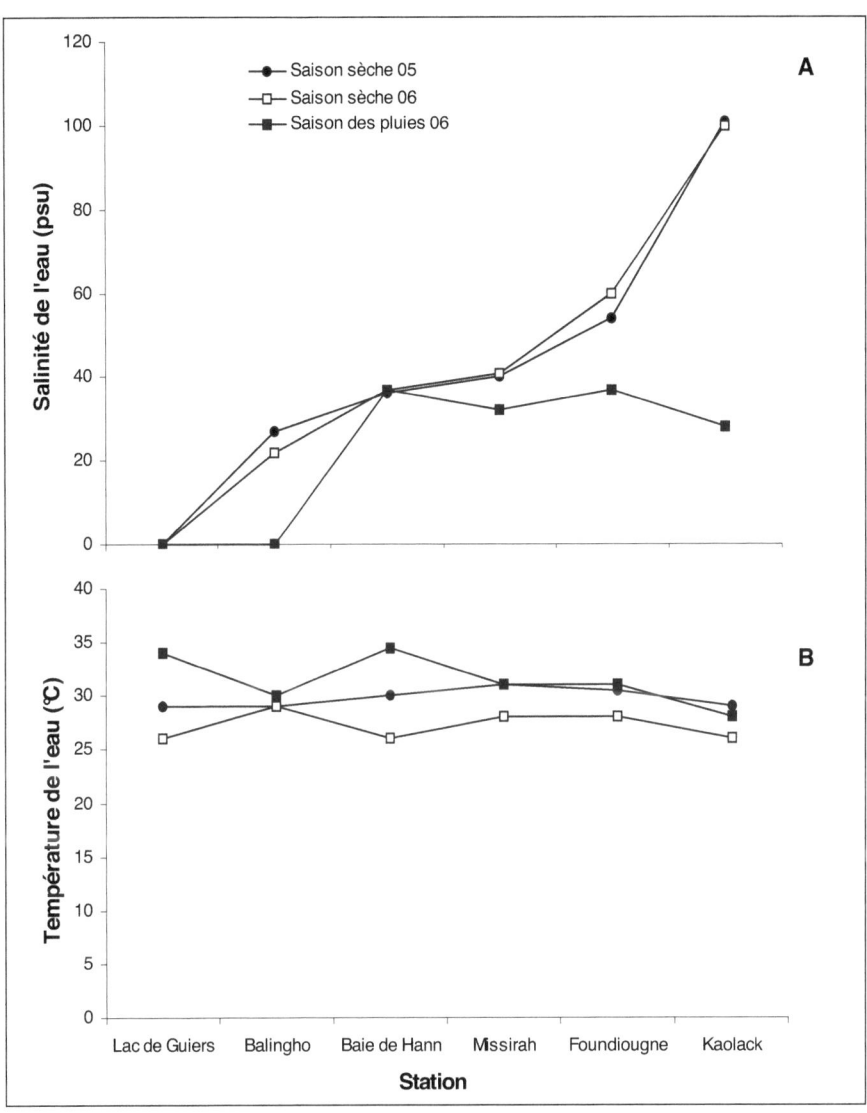

Figure 28: Variations spatiales et saisonnières de la salinité et de la température de l'eau dans les différents sites d'échantillonnage de *S. melanotheron*.

II.3.2. Corrélation entre les variables et structuration en groupes

II.3.2.1. Populations expérimentales

L'analyse en composantes principales a été appliquée aussi bien sur les variables (expression relative des gènes) que sur les individus. En conditions expérimentales, les deux axes de l'ACP expliquent 84,62% de la variance totale (**Fig. 29**). L'axe 1 de l'ACP a permis de discriminer deux groupes en opposant les gènes issus de la banque EH (FABP, Cyt.C, NADH, AC, DVAC, naka, HSP70) de ceux provenant de la banque ED (CaM, MAPK, GST, BAEP). L'axe 2 discrimine les gènes issus de l'EH en deux groupes en opposant les gènes impliqués dans les mécanismes de transport (VDAC, AC, NAKA) de ceux gènes impliqués dans le métabolisme énergétique (Cyt.C, NADH, FABP).

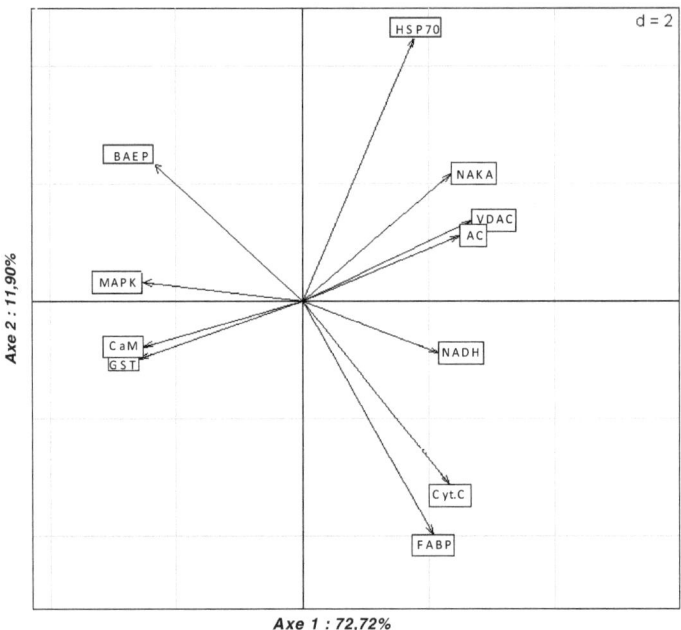

Axe 1 : 72,72%

Figure 29 : ACP des résultats des analyses d'expression réalisées sur 11 gènes en conditions expérimentales en eau douce (ED) et eau hypersalée (EH). Pour chaque condition, 6 individus ont été analysés. Projection des variables explicatives (expression des gènes). CaM :

calmoduline ; MAPK : MAP kinase-activated protein kinase; GST : de la glutathione S-transferase; BAEP : band 3 anion exchange protein; FABP : fatty acid binding protein; Cyt.C : cytochrome c oxydase 1; NADH : NADH déshydrogénase; AC : anhydrase carbonique; VDAC : voltage-dependent anion channel; NAKA : Na^+, K^+-ATPase alpha; HSP70 : heat-shock protein 70.

Les projections des individus sur le plan factoriel montre que les individus soumis aux mêmes conditions de salinité sont caractérisés par une surexpression des mêmes gènes. L'axe 1 oppose le groupe d'individus issus de l'ED de celui des individus provenant de l'EH (**Fig. 30**). Le groupe d'ED est caractérisé par une surexpression de la cam, de la mapk, de la gst, et de la baep alors que le groupe d'EH est caractérisé par une surexpression de la FABP, du Cyt.C, de la NADH, de l'AC, de la VDAC, de la NAKA et de l'HSP70.

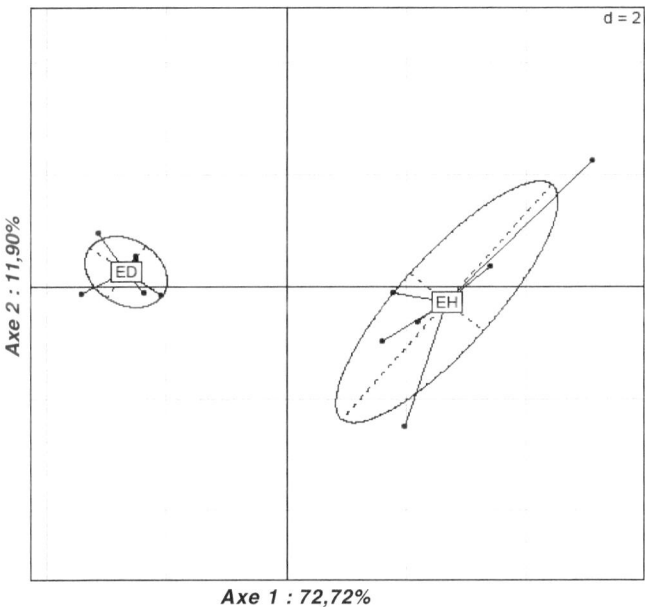

Figure 30: ACP des résultats des analyses d'expression réalisées sur 11 gènes en conditions expérimentales en eau douce (ED) et eau hypersalée (EH). Pour chaque condition, 6 individus ont été analysés.

La classification ascendante hiérarchique confirme l'existence des deux groupes d'individus définis par l'ACP (**Fig. 31**). Rappelons que pour obtenir une partition de bonne qualité, il est généralement pertinent de d'effectuer la coupure après les agrégations ayant des valeurs d'indice peu élevées et avant les agrégations de valeurs très élevées. Ainsi la partition l'arbre au niveau du trait en pointillé (valeur d'indice élevée) permet de retrouver les mêmes classes décrites précédemment.

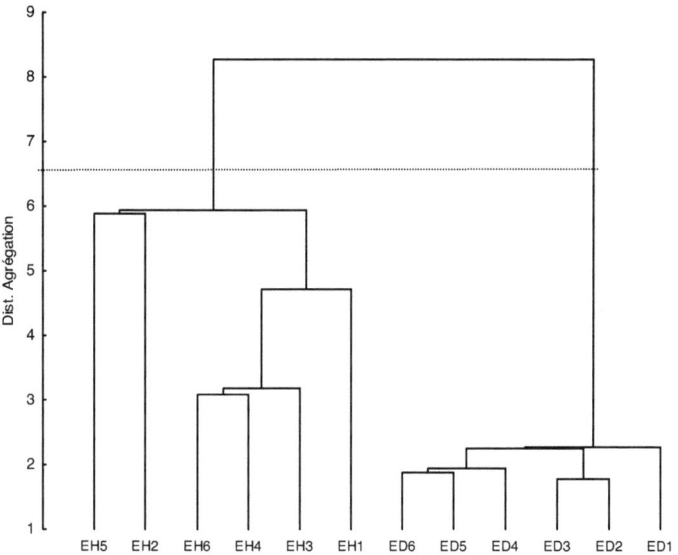

Figure 31: Dendrogramme de la classification en groupes des 12 individus analysés en fonction du niveau d'expression des 11 gènes analysés conditions expérimentales. ED : eau douce ; EH : eau hypersalée. L'axe horizontal indique les individus qui ont été rassemblés pour former les classes tandis que la graduation de l'axe vertical indique la distance séparant les classes qui ont été rassemblées. Les numéros 1 à 6 à côté de chaque code représentent les individus.

II.3.2.2. Populations naturelles

Les axes 1 et 2 de l'ACP expliquent 84,89% de la variance totale. La projection des individus sur le plan factoriel montre l'existence de 3 groupes distincts (**Fig. 32**). L'axe 1 de l'ACP permet de différencier trois groupes de populations : lac de Guiers, Balingho-Baie Hann-Missirah-Foundiougne et Kaolack. L'axe 2 de l'ACP oppose les populations du lac de Guiers et de Kaolack des autres populations (Balingho, Baie de Hann, Missirah, Foundiougne).

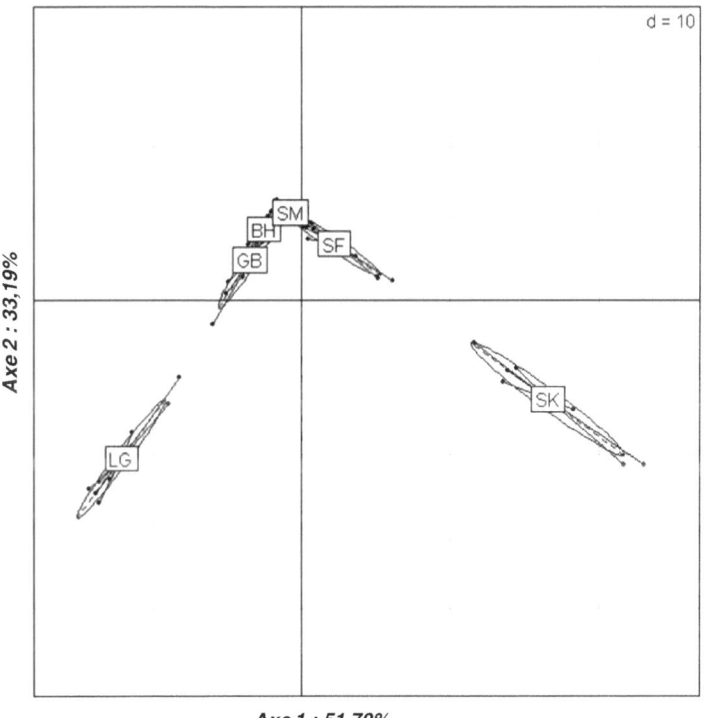

Axe 1 : 51,70%

Figure 32 : ACP des résultats des analyses d'expression réalisées sur 11 gènes et 6 populations constituées de 10 individus chacune. LG : Lac de Guiers (0 psu) ; GB : Gambie Balingho (24 psu); BH : Baie de Hann (37 psu) ; SM : Saloum Missirah (40 psu) ; SF : Saloum Foundiougne (60 psu) ; SK : Saloum Kaolack (100 psu).

La projection des individus et des 11 gènes analysés sur le même plan factoriel confirme l'existence de ces trois groupes de populations (**Fig. 33**). Si l'on regarde la projection des variables, le groupe du lac de Guiers est essentiellement expliqué par la CaM et la GST tandis celui de Kaolack est caractérisé par l'HSP et dans une moindre mesure par le Cyt.C. La NAKA et la VDAC permettent d'expliquer ces deux groupes mais avec des effets plus importants pour le groupe de Kaolack. Le groupe formé par les populations de Balingho, de la baie de Hann, de Missirah et de Foundiougne n'est expliqué par aucun variable. La FABP, la MAPK, la NADH et l'AC ne permettent pas d'expliquer aucun des groupes car leur vecteur est presque confondu à l'origine du plan factoriel (**Fig. 33**).

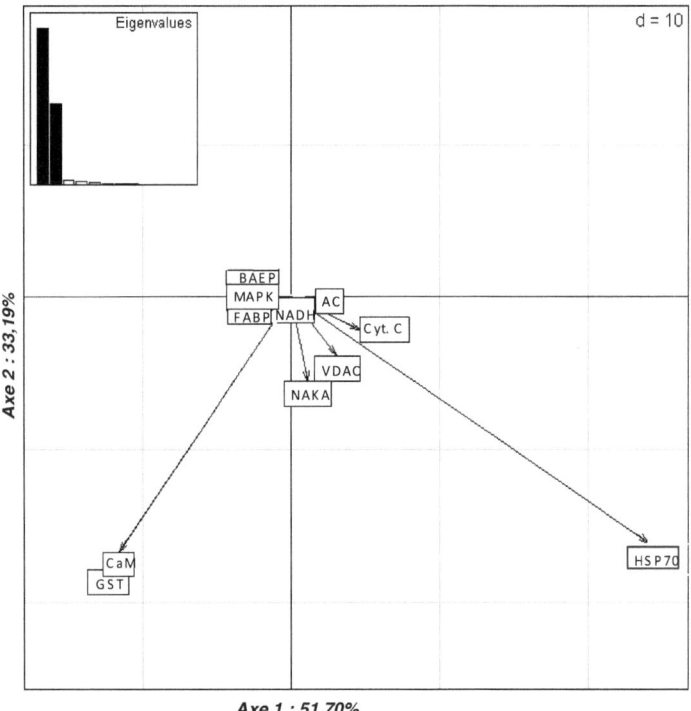

Figure 33 : ACP des résultats des analyses d'expression illustrant la répartition des 60 individus analysés et les variables explicatives de cette répartition. CaM: calmoduline; MAPK: MAP kinase-activated protein kinase; GST: glutathione S-transferase; BAEP: band 3 anion exchange protein; FABP: fatty acid binding protein; Cyt. C: cytochrome c oxydase 1; NADH: NADH déshydrogénase; AC: anhydrase carbonique; vdac voltage-dependent anion channel; NAKA: Na⁺, K⁺- ATPase alpha; HSP70: heat-shock protein 70.

La classification ascendante hiérarchique confirme l'existence des trois groupes définis par l'ACP. En effet, en effectuant la partition au niveau du trait en pointillé, on retrouve les mêmes groupes d'individus définis par l'ACP: Lac de Guiers (1-10), Balingho-Baie de Hann-Missirah-Foundiougne (11-50), Kalolack (51-60) (**Fig. 34**).

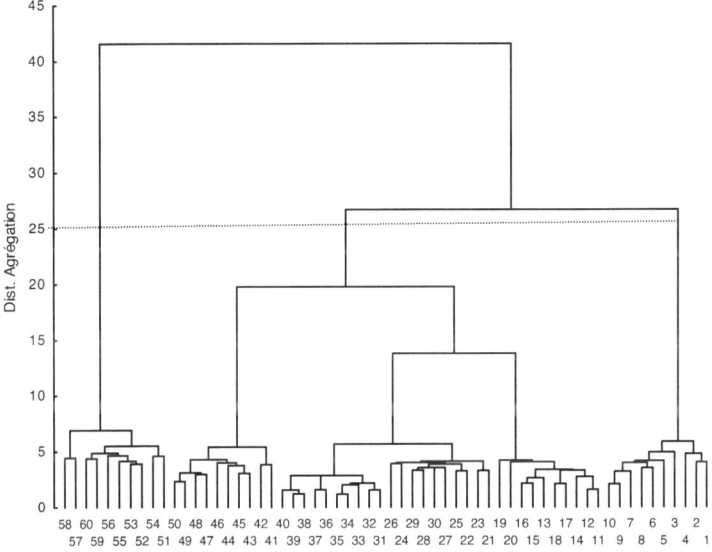

Figure 34: Dendrogramme de la classification en groupes des 60 individus analysés en fonction du niveau d'expression des 11 gènes analysés. L'axe horizontal indique les individus qui ont été rassemblés pour former les classes, tandis que la graduation de l'axe vertical indique la distance séparant les classes qui ont été rassemblées. Dans chaque population, les individus sont représentés par des numéros : Lac de Guiers (1-10), Balingho (11-20), Baie de Hann (21-30), Missirah (31-40), Foundiougne (41-50) et Kaolack (51-60). La partition du dendrogramme a été effectuée au niveau du trait en pointillé.

L'analyse non hiérarchique des k-moyennes montre que le groupe du lac de Guiers est caractérisé par une forte expression de la CaM, de la GST et dans une moindre mesure par celle de la NAKA et de la VDAC. Le groupe de Kaolack est caractérisé par une forte expression de l'HSP70, du Cyt.C, de la VDAC et de la NAKA. Quant au groupe formé par les autres populations, il est caractérisé par une faible expression de tous les gènes (**Fig. 35**).

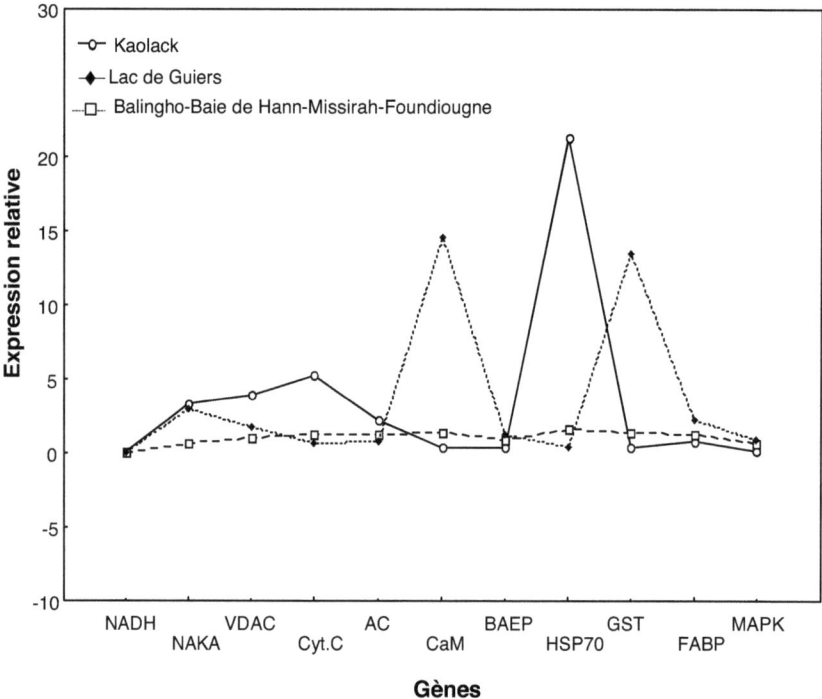

Figure 35 : Illustration des gènes expliquant les groupes définis par le dendrogramme. NADH : NADH déshydrogénase ; NAKA : Na$^+$, K$^+$-ATPase alpha 1; VDAC : voltage-dependent anion channel ; Cyt.C: cytochrome c oxydase 1; AC : anhydrase carbonique ; CaM : calmoduline ; BAEP : band 3 anion exchange protein ; HSP70 : heat-shock protein 70 ; GST : glutathione S-transferase ; FABP : fatty acid binding protein ; MAPK : MAP kinase-activated protein kinase.

II.3.3. Variation interindividuelle

II.3.3. 1. Populations expérimentales

La distribution des individus par rapport au centre de gravité des groupes formés par l'ACP montre une variation interindividuelle de l'expression des gènes aussi bien en eau douce qu'en eau hypersalée (**Fig. 30**). Cette distribution qui est assez homogène en eau douce est plus hétérogène en condition hypersalée où certains individus sont éloignés du centre de gravité. Une telle distribution suggère une variation interindividuelle plus forte en eau hypersalée qu'en eau douce.

La distribution des individus suivant les moyennes et les écart-types pour l'ensemble des 11 gènes (**Fig. 36**) montre une valeur d'écart-type (carrés en gris) supérieure à celle de la moyenne (diamants en noir) pour la plupart des individus. Ce phénomène plus marqué en condition hypersalée qu'en condition d'eau douce confirme les résultats de l'ACP et témoigne d'une importante variation interindividuelle.

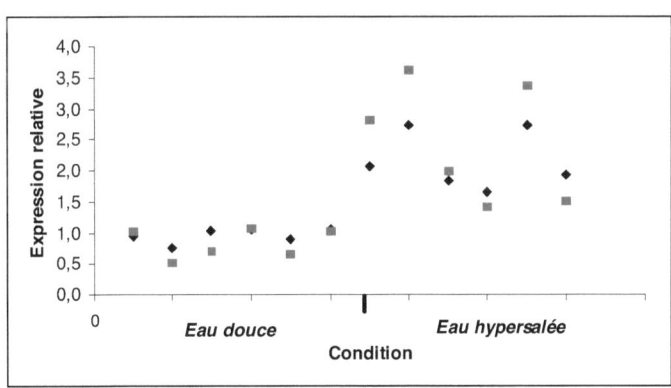

Figure 36: Distribution des individus en fonction des valeurs de moyennes (diamants en noir) et d'écart-types (carrés en gris) du niveau d'expression des 11 gènes analysés.

II. 3.3. 2. Populations naturelles

L'ACP montre une dispersion des individus par rapport au centre de gravité des groupes auxquels ils appartiennent, illustrant l'existence d'une variation interindividuelle. Cette variation est plus forte au lac de Guiers (LG) et à Kaolack (SK) qu'à Balingho (GB) et Foundiougne (SF). Par contre, elle est plus faible dans les stations de la baie de Hann (HB) et de Missirah (SM) (**Fig. 32**).

La distribution des moyennes (diamants en noir) et des écart-types (carrés en gris) des 11 gènes analysés pour chaque individu confirme non seulement l'existence d'une variation interindividuelle dans les groupes définis par l'ACP mais elle montre également des variations plus fortes au sein des populations du lac de Guiers (LG) et de Kaolack (SK). Dans ces stations caractérisées par des salinités extrêmes, l'écart-type est globalement supérieur à la moyenne pour la plupart des individus (**Fig. 37**). La station de Missirah (SM) est caractérisée par les variations interindividuelles les plus faibles.

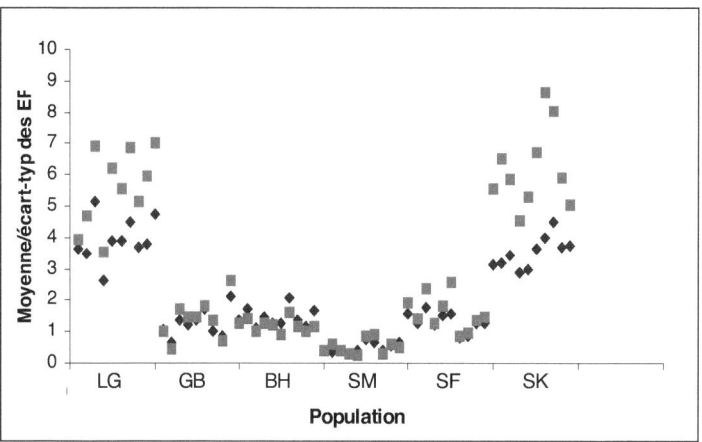

Figure 37: Distribution des 60 individus issus de 6 populations naturelles en fonction des valeurs de moyennes (diamants en noir) et d'écart-types (carrés en gris) des 11 gènes analysés. Lac de Guiers (LG), Balingho (GB), Baie de Hann (BH), Missirah (SM), Foundiougne (SF) et Kaolack (SK). ER : expression relative.

II.4. Discussion

II.4.1. Variation des facteurs physicochimiques de l'eau en milieu naturel

La salinité, la température et l'oxygène dissout sont les principaux facteurs physicochimiques qui conditionnent la croissance et la distribution des espèces de poissons (Brinda and Bragadeeswaran, 2005). La gamme de salinité mesurée dans nos stations figure parmi la plus importante tolérée par un poisson. Et en dehors des variations spatiales pouvant être mesurées, les variations temporelles sont également extrêmes puisqu'en l'espace de 6 mois l'eau d'une localité peut chuter d'une salinité de 100 à 28 psu comme à Kaolack et de 24 à 0 psu comme à Balingho. Des variations similaires de la salinité dans ces estuaires ont été précédemment observées par Albaret et al. (2004), Simier et al. (2004) et Panfili et al. (2006).

En revanche, la température de l'eau dans les différentes stations a légèrement varié entre 29 et 31°C et 26 et 29°C respectivement en saison sèche 2005 et 2006 et entre 28 et 34°C en saison des pluies. Des variations mineures similaires entre stations ont été précédemment observées par Albaret et al. (2004) et Simier et al. (2004), qui ont de plus montré que la température de l'eau était très proche entre le fond et la surface dans les estuaires du Saloum et de la Gambie. Les variations saisonnières de la température de l'eau étaient faibles dans ces deux estuaires (amplitude maximale: 3°C). Les différences les plus élevées ont été observées au lac de Guiers et à la baie de Hann où la salinité est constante, ce qui exclut une influence combinée de la variation saisonnière de ces deux facteurs. L'oxygène dissous n'a pas été mesuré mais des études précédentes ont montré que ce paramètre n'est pas un facteur limitant dans l'estuaire de la Gambie (Albaret et al., 2004), en particulier dans l'estuaire du Saloum où les salinités sont plus élevées (Diouf, 1996). Le tilapia est très résistant à l'hypoxie et les niveaux d'oxygène dissout dans notre zone d'étude seraient au dessus des niveaux qui limitent le métabolisme aérobique basal chez les hybrides du genre *Oreochromis* (Mckenzie et al., 2003). Ainsi, la salinité constitue vraisemblablement le principal facteur environnemental qui présente des variations spatiales et saisonnières pouvant expliquer les différences entre populations. Par conséquent, nos données sur les paramètres de croissance et sur l'expression des gènes ont été interprétées en fonction de ce facteur.

II.4.2. Corrélations et structuration en groupes

Les banques SSH réalisées sur les branchies de tilapia *S. melanotheron* acclimatés à l'eau douce et à l'eau hypersalée (70) ont permis l'identification de 320 séquences uniques répartis en 14 catégories fonctionnelles suivant le processus biologique dans lequel elles sont impliquées (*Chapitre I*). Pour explorer l'implication de ces gènes dans les réponses aux changements de salinité, nous avons choisi 11 gènes dont l'expression était significativement différente entre ED et EH que nous avons analysés en terme d'expression relative en conditions expérimentales et en milieu naturel. L'analyse en composantes principales montre que la répartition des individus en fonction de leur niveau d'expression reflète parfaitement la salinité de leur milieu. Les analyses multivariées révèlent l'existence de deux groupes en conditions expérimentales constitués d'individus issus exclusivement soit de l'eau douce soit de l'eau hypersalée. Il est intéressant de remarquer que ces deux groupes sont caractérisés respectivement par des gènes identifiés dans les banques ED et EH comme cela pouvait être prédit. Ces résultats révèlent une cohérence de la méthode SSH pour l'identification de gènes différentiellement exprimés (Diatchenko et al., 1996). Parmi les gènes analysés, quatre (ac, vdac, naka, baep) sont impliqués dans les mécanismes de transport et trois (cyt.c, nadh, fabp) dans le métabolisme énergétique. La distinction de ces deux groupes par l'axe 2 de l'ACP, suggère une cohérence biologique en termes de réponse commune de gènes impliqués dans les mêmes fonctions cellulaires. Des résultats similaires ont été rapportés chez plusieurs espèces de poissons où il a été identifié des groupes de gènes différentiellement exprimés impliqués dans les mêmes processus physiologiques (Gracey *et al.*, 2001; Gracey, 2007). En outre, les corrélations entre certains gènes (CaM/GST, AC/CaM) pourraient traduire des actions synergiques en réponse aux changements de salinité comme cela a été observé pour beaucoup de gènes (Scott *et al.*, 2004; Cossins *et al.*, 2006).

Les analyses statistiques ont permis de définir trois groupes en milieu naturel suivant le niveau d'expression des gènes. Les populations vivant en eau douce (Lac de Guiers) et dans la station la plus salée (Kaolack) sont caractérisées par des niveaux d'expression élevés tandis que celles issues des stations de salinité intermédiaires (Balingho, Baie de Hann, Missirah, Foundiougne) ont montré des niveaux d'expression faibles. De tels résultats pourraient traduire des activités osmorégulatrices différentes suivant les conditions de salinité (Laiz-Carrión et al., 2005). En effet, les poissons vivant dans des eaux de salinités extrêmes étant loin de leur point isoosmotique, solliciteraient d'avantage les mécanismes d'osmorégulation et la synthèse des protéines associées à ces processus pour maintenir leur homéostasie comparés à ceux vivant dans les salinités intermédiaires. Ces différences d'activité pourraient impliquer une expression différentielle des gènes associés aux processus de maintien de l'équilibre hydrominéral (Jensen *et al.*, 1998; Deane and Woo, 2004). Il a été démontré chez des espèces de poissons que l'acclimatation à des salinités proches du point isoosmotique est associée à une faible expression des gènes impliqués dans l'osmorégulation (Kelly and Woo, 1999; Deane and Woo, 2004).

II.4.3. Variation interindividuelles de l'expression des gènes

L'expression des 11 gènes analysés en conditions expérimentales et naturelles a montré l'existence d'une variabilité interindividuelle bien que les poissons analysés soient homogènes du point de vue taille, poids et stade sexuel. Ces variations ne sont pas attribuables à des artefacts techniques. En effet, les très faibles variations observées entre les duplicats de chaque échantillon lors de la quantification des ARNm montrent bien que ces variations ne sont pas liées à des différences dans la précision des mesures de l'expression des gènes. De plus, tous les individus de chaque population ont été collectés en même temps et dans les mêmes conditions, ce qui a permis d'éviter d'éventuels artéfacts liés aux prélèvements des échantillons. Conformément à nos résultats, plusieurs études sur les poissons ont montré des variations interindividuelles de l'expression des gènes au sein d'une même population. (Oleksiak *et al.*, 2002; Williams *et al.*, 2003; Derome *et al.*, 2005; Oleksiak *et al.*, 2005). Selon ces auteurs, cette expression différentielle des gènes dans des conditions environnementales particulières reflète des différences biologiques entre individus. Même si le nombre d'individus analysés en conditions expérimentales est limité (6), nous pouvons émettre l'hypothèse que les variations interindividuelles de l'expression des gènes observée chez *S. melanotheron* traduisent des différences biologiques entre individus. Le fait que cette variation soit conservée en augmentant le nombre d'individus analysés en populations naturelles (10) renforce cette conclusion.

Les variations interindividuelles des niveaux d'expression des gènes en conditions expérimentales ne sont probablement pas liées à des différences de stade de développement car les poissons analysés proviennent d'une seule ponte. En revanche, ces variations pourraient traduire des différences de seuil de tolérance à la salinité liées à des différences physiologiques entre individus. En effet, tous les individus n'ont pas les mêmes performances physiologiques, ce qui peut se traduire par des différences dans les réponses qu'ils développent pour faire face aux perturbations environnementales. La salinité pourrait constituer une contrainte pour les poissons dont l'intensité serait plus forte dans les milieux où le gradient osmotique entre l'eau et le milieu intérieur du poisson est plus fort. Ceci expliquerait la plus grande variation interindividuelle dans ces conditions. En d'autres termes, les poissons acclimatés aux salinités extrêmes seraient plus proches de leur limite de tolérance que ceux maintenus dans les salinités intermédiaires, ce qui expliquerait la plus forte variation interindividuelle en conditions de salinités extrêmes.

Les variations interindividuelles des populations naturelles pourraient aussi traduire des différences génétiques. En effet, il a été démontré que des variations de l'expression des gènes entre individus d'une même espèce soumis aux mêmes conditions environnementales pourraient être dues à des différences génétiques (Oleksiak et al., 2002; Oleksiak et al., 2005). Les variations d'expression ayant des bases génétiques seraient moindres entre individus proches génétiquement et augmenteraient avec la distance génétique séparant les individus (Whitehead and Crawford, 2005). Des variations interindividuelles liées à des effets sélectifs ont été aussi observées chez des poissons soumis aux mêmes conditions environnementales (Crawford et al., 1999; Oleksiak et al.,

2002; Whitehead and Crawford, 2005). Cependant, étant donné que la part de variation liée à la variabilité environnementale n'a pas été soustraite, nous ne pouvons pas affirmer que les différences d'expression observées entre individus chez *S. melanotheron* sont héritables.

En résumé, la combinaison des analyses d'expression des gènes en milieu contrôlé et en conditions naturelles a permis de définir des groupes d'individus caractérisés par des niveaux d'expression différents. Ces analyses montrent également des gènes dont l'expression semble être corrélée, suggérant des rôles complémentaires dans l'acclimatation aux changements de salinité. L'analyse de l'expression de ces gènes en populations naturelles a montré des niveaux plus faibles chez les populations issues des milieux de salinité intermédiaire, suggérant une plus faible activité osmorégulatrice comparativement à l'eau douce et à l'eau hypersalée. L'analyse de l'expression des gènes a montré des variations interindividuelles aussi bien en milieu contrôlé qu'en conditions naturelles. Les variations semblent indiquer des différences de seuil de tolérance à la salinité qui pourraient être dues à des différences génétiques. Des études ultérieures semblent être nécessaires pour distinguer la part de variation due à l'environnement de celle liée à la composante génétique.

Troisième Partie

Rôles de quelques gènes dans l'acclimatation chronique en milieu naturel

Chapitre III : Recherche de gènes candidats à partir des connaissances disponibles sur l'osmorégulation

III.1. Introduction

Dans cette partie, nous avons analysé pour la première fois en milieu naturel, l'expression de la GH et de la PRL_1 chez des populations situées le long d'un gradient de salinité de 0 à 101 psu. Car même si le rôle osmorégulateur de la GH et de la PRL a été bien caractérisé en conditions expérimentales, il reste néanmoins à valider en milieu naturel l'implication de ces gènes dans l'acclimatation des poissons aux variations de la salinité. Nous avons également cherché à identifier une éventuelle relation entre la réduction de croissance observée chez le tilapia *S. melanotheron* dans les zones hypersalées et le profil d'expression de la GH. La méthode de PCR en temps réel a été utilisée pour comparer l'expression de la GH et de la PRL_1 de ces populations naturelles. Parallèlement, l'indice de condition et l'âge des individus ont été mesurés pour caractériser les effets de l'environnement sur les traits de vie des populations.

III.2. Matériel et méthodes

III.2.1. Echantillonnage des populations naturelles

Les échantillons utilisés dans ce chapitre ont été collectés en juin 2005 suivant le protocole décrit dans la partie matériel et méthodes (*I.1., p.33*). L'ensemble des caractéristiques biologiques des échantillons est indiqué dans le **tableau 3**.

Tableau 4 : Caractéristiques individuelles des échantillons de *Sarotherodon melanotheron*. Tous les échantillons ont été collectés entre le 06 et 23 Juin 2005. Les nombres placés à côté des symboles (♂, ♀) représentent le stade sexuel de chaque individu.

Ecosystème	Station	Date, 2005	Salinité (psu)	TE °C	N°	LF (mm)	Poids (g)	Age (année)	S & SS
					LG1	151	87,6	5	♂-1
					LG2	159	91,5	4	♀-1
Lac de Guiers	Lac de Guiers	13-juin	0	29	LG3	148	67,1	4	♂-2
					LG4	148	67,2	4	♀-1
					LG5	145	68,5	4	♀-1
					GB1	148	92,4	3	♀-3
					GB2	95	20,2	1	♀-1
Gambie	Balingho	08-juin	27	29	GB3	124	42,6	2	♂-1
					GB4	131	53,8	3	♀-2
					GB5	145	74,0	4	♀-4
					BH1	105	27,7	1	♀-1
					BH2	125	48,8	2	♀-2
Hann	Baie de Hann	23-juin	36	30	BH3	135	58,2	2	♀-2
					BH4	144	65,7	2	♀-2
					BH5	130	49,3	2	♀-2
					SM1	160	82,5	5	♀-3
					SM2	154	72,0	3	♂-3
Saloum	Missirah	07-juin	40	31	SM3	157	78,8	2	♀-1
					SM4	156	79,3	3	♀-2
					SM5	154	82,8	3	♀-2
					SF1	147	65,8	2	♀-2
					SF2	126	45,7	2	♀-2
Saloum	Foundiougne	06-juin	54	30,5	SF3	135	49,5	2	♀-4
					SF4	145	65,2	2	♂-2
					SF5	132	37,7	2	♂-4
					SK1	134	46,4	5	♂-3
					SK2	143	53,7	5	♀-1
Saloum	Kaolack	10-juin	101	29	SK3	137	52,9	3	♀-1
					SK4	134	46,3	5	♀-1
					SK5	138	50,0	5	♂-1

III.2.2. Estimation de la croissance et de la condition des poissons

Le facteur de condition (K) a été calculé selon la formule suivante : $K = 10^5 \, W \, FL^{-3}$ (W = poids total en g et LF = la longueur à la fourche en mm avec K en g/mm^{-3}). L'âge des poissons a été estimé en comptant les macro-incréments sur l'ensemble de l'otolithe selon la méthode validée par Panfili et al. (2004c). Les taux de croissance (mm d^{-1}) ont été calculés en utilisant le rapport entre la longueur et l'âge des poissons estimé en années.

III.2.3. Extraction des ARN et analyses de PCR en temps réel

La rt-PCR a été utilisée pour comparer l'abondance des ARNm dans la glande hypophysaire des six populations de *S. melanotheron* échantillonnées. Les amorces spécifiques de prolactine-1 (PRL_1) (PRL-F: 5'-CAAACCTCTACACTATGGAG-3' et PRL-R: 5'-CATTCTCCACTCATTTTCT-3') et de β-actine (β-actinF: 5'-GTATGGGTCAGAAAGACAG-3'; β-actinR: 5'-GGGTCATCTTCTCCCTGTT-3') ont été fournies par J.F. Agnèse (GPIA). Les amorces spécifiques de l'hormone de croissance (GH-F: 5'-CCTGATCAGCAGCAAGATTC-3' et GH-R: 5'-GGTCGAGTCTTGGGAGTTTC-3') ont été définies à partir d'un alignement de séquences de GH de tilapias issus de GENBANK. Les réactions de PCR en temps réel, la quantification, l'efficacité des amorces, le calcul de l'expression relative et des variations entre les essais de rt-PCR ont été effectués suivant les mêmes procédures décrites dans la partie matériel et méthodes (*cf.VI.2, p.47 ; VI.4 p : 50*). Cependant, l'amplification a été effectuée dans un appareil Light Cycler (Roche Molecular Biomedicals) utilisant des capillaires.

III.2.4. Analyses statistiques

L'analyse en composante principale (ACP) a été effectuée sur les huit variables mesurées chez cinq poissons/localité (n=30) (âge, longueur à la fourche, poids, taux de croissance, stade sexuel, facteur de condition, les expressions relatives de la GH et de la PRL_1) ainsi que la salinité enregistrée sur les lieux d'échantillonnage. Les centres de gravité des six populations (GL, GB, HB, SM, SF, SK) ont été représentés. Les relations entre les différentes variables ont été évaluées par régression linéaire. L'expression hypophysaire de GH et de PRL_1 a été comparée entre les six populations en utilisant le test non paramétrique de Kolmogorov-Smirnov. Le niveau de significativité est fixé à

95% ($P < 0,05$) et les analyses statistiques ont été effectuées à l'aide des logiciels R et Statistica Statsoft® version 6.

III.3. Résultats

III.3.1. Condition et taux de croissance des populations

L'indice de condition des poissons (K) varie d'une population à l'autre (**Fig. 38A**, $P < 0,05$). Les échantillons des trois stations du Saloum présentaient les plus faibles indices de condition, la population de Kaolack (zone hypersalée) étant significativement ($P < 0,05$) plus basse que l'indice de condition moyen observée dans les autres estuaires (Gambie) ou environnements (Baie de Hann et Lac de Guiers).

Les taux de croissance individuels ont également montré des différences significatives entre les populations (**Fig. 38B**, $P < 0,05$). Les comparaisons post-hoc ont différencié les moins bons taux dans la station hypersalée (Kaolack) et celle située en eau douce (Lac de Guiers). La croissance des poissons issus du milieu marin (Baie de Hann) a été meilleure que celle enregistrée pour les salinités extrêmes (Lac de Guiers, Kaolack) mais n'est pas statistiquement différente de celle mesurée en milieu estuarien de salinité intermédiaire.

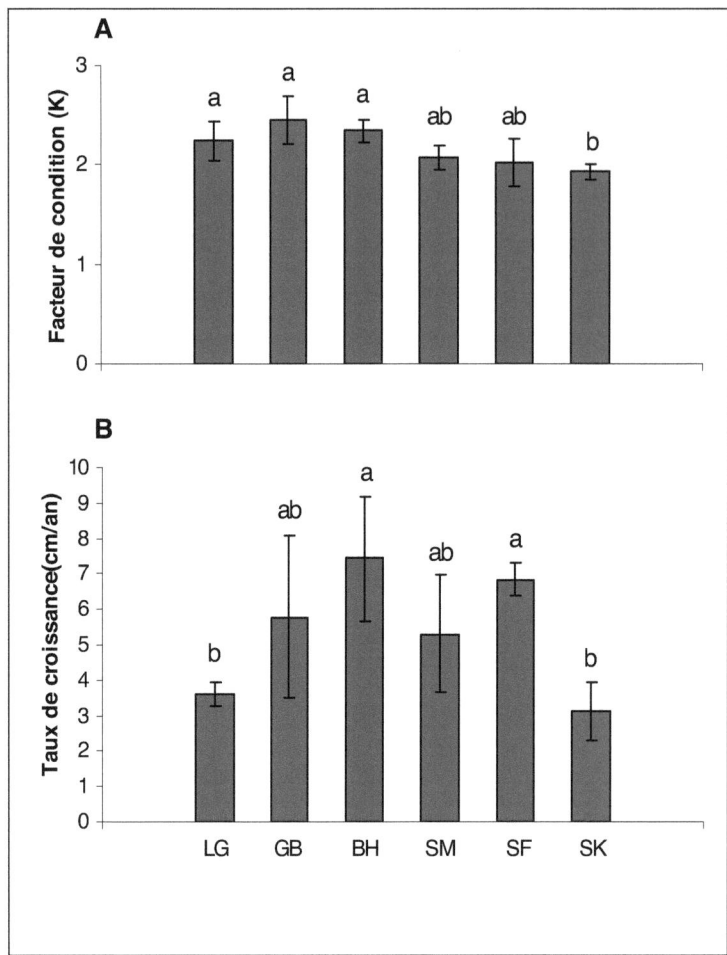

Figure 38 : Croissance du tilapia (*S. melanotheron*) dans les différentes stations échantillonnées au Sénégal et en Gambie. **A**) Facteur de condition (moyenne ± écart-type). **B**) Taux de croissance (moyenne ± écart-type). LG: Guiers; GB: Gambie Balingho; BH: Baie de Hann; SM: Saloum Missirah; SF: Saloum Foundiougne; SK: Saloum Kaolack. Les mêmes lettres situées au dessus de chaque barre indiquent des valeurs de moyenne qui ne sont pas significativement différentes ($P > 0,05$) avec le teste de Kolmogorov-Smirnov.

III.3.2. Niveaux hypophysaires d'ARNm de la GH et de la PRL$_1$

Les poissons acclimatés à l'eau de mer (Baie de Hann) ont des niveaux hypophysaires d'ARNm de GH significativement ($P < 0,05$) plus élevés que ceux maintenus en eau douce (0 psu), en eau saumâtre (27 psu) ou en eau hypersalée (101 psu) (**Fig. 39A**). L'expression des ARNm de GH est très faible chez les poissons vivant en eau douce (lac de Guiers), en eau saumâtre (Balingho) ou en eau hypersalée (estuaire du Saloum). Les quantités d'ARNm de GH sont significativement plus élevées chez les poissons issus du lac de Guiers (eau douce) que chez ceux provenant de la station d'eau saumâtre de Balingho. Aucune différence significative des niveaux d'ARNm de GH n'a été observée entre eau douce et eau hypersalée. De même, il n'y a aucune différence significative entre Balingho et les localités du Saloum à l'exception de Foundiougne.

Les niveaux hypophysaires d'ARNm de PRL$_1$ sont significativement plus élevés chez les poissons acclimatés à l'eau douce et à l'eau saumâtre (**Fig. 39B**) que dans les autres stations où la salinité est supérieure ou égale à celle de l'eau de mer. Aucune différence significative des niveaux d'ARNm de PRL$_1$ n'a été observée entre les populations dulçaquicoles et d'eau saumâtre. Les poissons provenant de l'eau de mer (Baie de Hann), et de l'eau hypersalée (estuaire du Saloum) ont montré une faible expression des ARNm de PRL$_1$.

De grandes variations inter-individuelles d'expression de la GH et PRL$_1$ ont été observées (**Fig. 39A et B**). Pour la GH, les variations interindividuelles les plus marquées concernaient l'échantillon de la baie de Hann où l'expression de ce gène était aussi la plus élevée. A l'inverse les variations les plus faibles ont été observées entre les individus prélevés à Foundiougne où l'expression moyenne était également faible. Des résultats similaires ont été obtenus avec la PRL$_1$ puisque les variations interindividuelles les plus élevées concernaient aussi les échantillons où l'expression moyenne de ce gène était la plus forte (Lac de Guiers et Balingho).

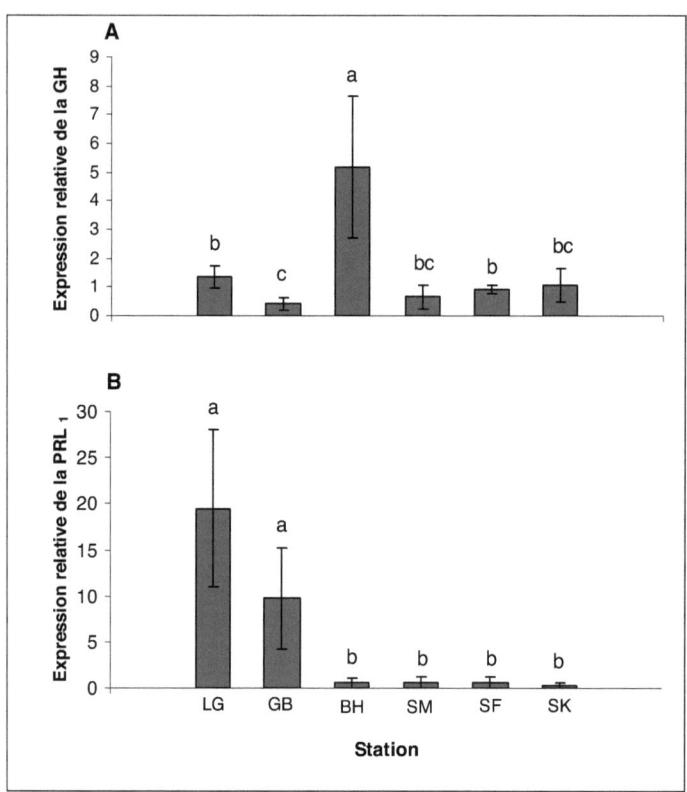

Figure 39 : Expression relative dans l'hypophyse des gènes de la GH et PRL$_1$ chez le tilapia *S. melanotheron* mesurée à différentes salinités 0 psu (LG: lac de Guiers), 27 psu (GB: Gambie Balingho), 36 psu (BH: baie de Hann), 40 psu (SM: Saloum Missirah), 54 psu (SF: Saloum Foundiougne) et 101 psu (Saloum Kaolack). L'abondance des ARNm de GH (**A**) et de PRL$_1$ (**B**) de chaque échantillon a été normalisée par l'abondance des ARNm de la β-actine. Toutes les valeurs représentent les moyennes ± écart-type (n = 5) et les différentes lettres situées au dessus de chaque barre indiquent des valeurs de moyennes significativement différentes ($P < 0,05$) d'après le test de Kolmogorov-Smirnov.

III.3.3. Corrélations salinité, expression relative GH, PRL1 et paramètres de croissance

Soixante-deux pour cent de la variance totale est expliquée par les deux axes principaux de l'ACP (**Fig. 40**). Les variables décrivant les paramètres de croissance ont permis d'expliquer les variations de l'axe 1 tandis que l'axe 2 est essentiellement expliqué par la salinité, l'expression relative de la PRL_1 et le facteur de condition (K). L'ACP montre un groupe de variables positivement corrélés correspondant à l'âge, le poids et la longueur à la fourche. A l'inverse, l'âge et le taux de croissance sont négativement corrélés. De façon similaire, l'expression relative de la PRL_1 et le facteur de condition sont corrélés négativement avec la salinité. Aucune corrélation significative n'a été observée entre l'expression relative de la GH et les autres variables. Finalement, l'ACP n'a pas permis de définir de groupes de populations bien distincts (**Fig. 40**).

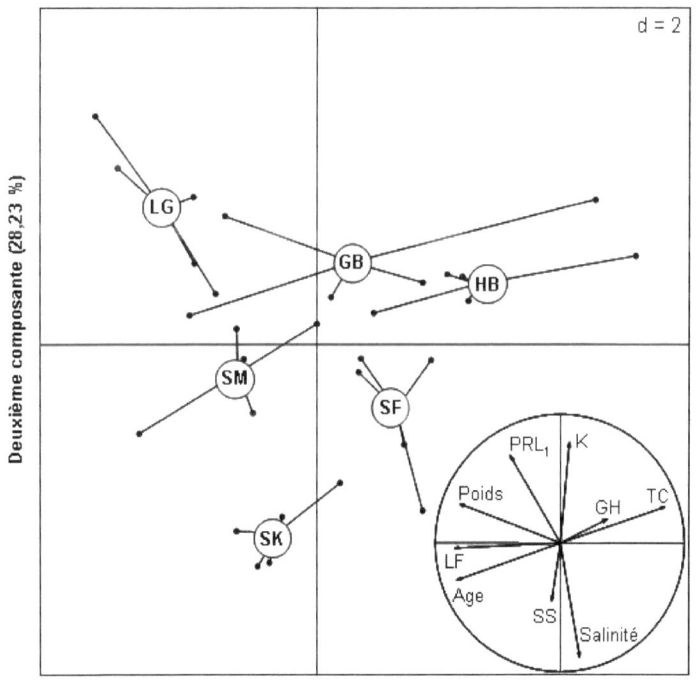

Première composante (34.04 %)

Figure 40: L'ACP sur le jeu de données constitué de 30 poissons collectés dans 6 stations de différentes salinités (représentées par LG, GB, BH, SM, SF et SK). Le pourcentage de variance expliquée par les variables est représenté sur les axes. PRL_1: expression relative de la prolactine; GH: expression relative de l'hormone de croissance; LF: longueur à la fourche; TC: taux de croissance; K: facteur de condition; SS: stade sexuel.

Une corrélation négative significative ($r^2 = 0,43$; $p < 0,001$) entre la salinité et l'expression relative de la PRL_1 a été observée et non entre la salinité et l'expression de la GH ($r^2 = 0,008$; $p = 0,626$) (**Fig. 41**). Aucune interaction n'a été décelée entre le poids, la longueur à la fourche, l'âge, le taux de croissance, le facteur de condition et l'expression relative de la GH ou de la PRL_1.

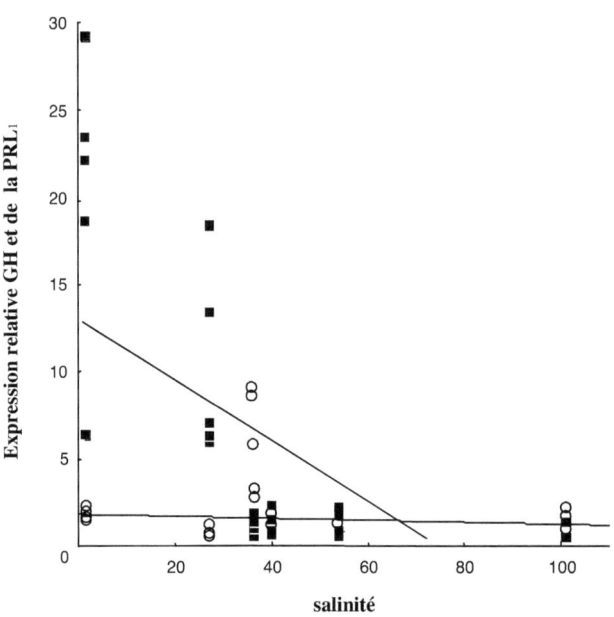

Figure 41 : Relations entre la salinité environnementale et les niveaux pituitaires d'ARNm de la GH ($\circ$, $r^2 = 0,008$; $P = 0,626$) et de la PRL_1 ($\blacksquare$, $r^2 = 0,43$; $P < 0,001$). Les données représentent l'expression relative de la GH et de la PRL_1 normalisée par l'abondance de la β-actine.

III.4. Discussion

III.4.1. Condition et croissance

Nos résultats indiquent que les poissons prélevés dans l'eau de mer (Baie de Hann) ont un meilleur taux de croissance que ceux vivant en eau douce. Ceci est en accord avec les résultats obtenus en conditions expérimentales chez le tilapia *Oreochromis mossambicus* (Ron *et al*., 1995; Riley *et al*., 2003; Sparks *et al*., 2003). A l'inverse, les taux de croissance et les indices de conditions les plus faibles ont été observés chez les poissons de la station hypersalée de Kaolack comme l'avait précédemment montré Panfili et al. (2004b) chez les mêmes populations du Saloum mais avec un échantillonnage plus important. Le ralentissement de la croissance et la mauvaise condition des poissons de la zone hypersalée pourraient traduire une importante dépense énergétique liée à une forte activité osmorégulatrice. Dans la zone hypersalée, l'énergie allouée à l'osmorégulation est probablement plus élevée, laissant en contrepartie moins d'énergie pour la croissance (Ron *et al*., 1995; Riley *et al*., 2003). Outre le coût énergétique de l'osmorégulation à des salinités extrêmes, les meilleures croissances observées dans les populations d'eau de mer (ou proches de ces conditions) pourraient être aussi liés à une meilleure assimilation de la nourriture dans l'eau de mer. En effet, il a été démontré chez le tilapia *O. mossambicu*s que les individus acclimatés à l'eau de mer consomment plus de nourriture et assimilent plus efficacement celle-ci que ceux acclimatés à l'eau douce (Ron *et al*., 1995; Riley *et al*., 2003). La teneur en oxygène à saturation de l'eau hypersalée est largement inférieure à celle de l'eau douce. Or il a été démontré qu'une baisse de la disponibilité en oxygène s'accompagne d'une baisse de la prise alimentaire et de l'efficacité de sa conversion (Chabot and Dutil, 1999; Pichavant et al., 2001). La disponibilité supérieure en oxygène en milieu dulçaquicole pourrait donc expliquer, au moins en partie, les meilleurs facteurs de condition observés dans le lac de Guiers comparés à ceux de Kaolack, même si à long terme la dépense énergétique liée à l'osmorégulation implique aussi une réduction de leur croissance.

III.4.2. Variations inter-populationnelles des niveaux d'ARNm de la GH et de la PRL

La surexpression de la GH observée chez les tilapias *S. melanotheron* prélevés en eau de mer (BH) coïncide parfaitement avec les résultats expérimentaux de (Riley *et al.*, 2002; Riley *et al.*, 2003) obtenus chez le tilapia *O. mossambicus*. En effet chez cette espèce lorsqu'elle est confrontée à des transferts de salinité (eau douce/eau de mer et vice versa), des niveaux plus élevés d'expression de la GH sont observés chez les individus acclimatés à l'eau de mer. Par contre, des études sur les daurades *Sparus sarba* (Deane and Woo, 2004) et *Mylio macrocephalus* (Deane and Woo, 2005b) acclimatés à des conditions comprises entre eau douce et eau hypersalée (50 psu) ont montré une expression de GH au niveau pituitaire plus élevée en conditions iso-osmotiques (12 psu). Il semble donc que la GH soit fortement exprimée si les conditions de salinité sont proches du point iso-osmotique pour les sparidés ou proches de l'eau de mer pour le tilapia (*O. mossambicus*) (Riley et al., 2003). Si les conditions iso-osmotiques permettent une meilleure croissance des sparidés (Deane and Woo, 2004; Deane and Woo, 2005a), l'eau de mer semble être plus favorable à la croissance des tilapias *O. mossambicus* (Riley et al., 2003; Roche et al., 2003; Sparks et al., 2003) et *S. melanotheron* (dans cette étude). Indépendamment de son rôle somatotrope, la GH est impliquée dans l'acclimatation des poissons à la salinité (Yada and Hirano, 1992; Sakamoto and Hirano, 1993; Borski *et al.*, 1994; Sakamoto *et al.*, 1997; Yada *et al.*, 1999;

Ágústsson *et al.*, 2001). Notre étude ne permet pourtant pas de démontrer un rôle de la GH dans l'osmorégulation du tilapia car une corrélation positive de l'expression de la GH avec la salinité aurait due être observée. Or, aucune différence n'a été observée chez les poissons issus des milieux de salinités extrêmes (0 et 101). Cependant, plusieurs études expérimentales (Sakamoto *et al.*, 1997; Seale *et al.*, 2002; Ágústsson *et al.*, 2003) ont montré que l'augmentation des transcrits de la GH en réponse à une augmentation de la salinité était transitoire. En fait l'activité de la GH s'exprimerait dans les premières phases de l'acclimatation à l'eau salée. Or nos analyses ont été effectuées sur des populations naturelles probablement déjà acclimatées aux conditions de salinité puisqu'échantillonnées en fin de saison sèche, à un moment où la salinité peut être considérée comme stable dans le milieu. Finalement, il est peu probable donc que les différences inter-populationnelles d'expression de la GH observées dans cette étude soient directement liées à l'osmorégulation.

En revanche, l'interprétation des niveaux d'expression du gène codant la PRL_1 dans les populations naturelles apparaît plus simple. En effet, il existe une corrélation négative significative entre le taux d'expression de la PRL_1 et la salinité du milieu. En fait, au delà de la salinité de l'eau de mer cette hormone paraît faiblement exprimée alors qu'elle est fortement exprimée en milieu dulçaquicole. La population de Balingho prélevée en eau saumâtre durant la saison sèche, mais qui se retrouve en condition dulçaquicole pendant la saison des pluies, présente un niveau d'expression intermédiaire. L'expression de la PRL_1 dans les populations naturelles de *S. melanotheron* confirme le rôle prépondérant de cette hormone dans l'acclimatation des poissons à l'eau douce, comme cela a été décrit en conditions expérimentales chez d'autres espèces de poissons (Specker *et al.*, 1985; McCormick, 1995; Santos *et al.*, 1999; Handeland and Stefansson, 2001; Seale *et al.*, 2002). Il a été montré que l'expression des ARNm et les niveaux plasmatiques de la PRL augmentent chez les salmonidés et chez un tilapia acclimatés à l'eau douce (Ayson *et al.*, 1993; Auperin *et al.*, 1994; Sakamoto *et al.*, 1997; Shepherd *et al.*, 1999; Tang *et al.*, 2001; Manzon, 2002). Il a également été démontré chez le tilapia *O. mossambicus* que la synthèse de la PRL$_1$ au niveau hypophysaire augmente *in vitro* en réponse à une diminution de l'osmolarité intracellulaire (Grau et al., 1994; Seale et al., 2002), suggérant un rôle de cette hormone dans l'acclimatation à l'eau douce. Récemment, Seale *et al.* (2006a) ont montré chez cette même espèce une augmentation de la sécrétion de la PRL$_1$ en réponse à une diminution de la salinité du milieu. Bien que les niveaux plasmatiques n'aient pas été mesurés dans notre étude, les changements des niveaux d'ARNm de PRL$_1$ hypophysaire pourraient être en relation avec les changements des niveaux de PRL$_1$ circulant, comme démontré chez le tilapia *O. mossambicus* (Riley et al., 2002).

III.4.3. Variations interindividuelles des niveaux d'ARNm de la GH et de la PRL

Bien que les poissons analysés soient homogènes du point de vue taille, poids, stade sexuel, notre étude sur l'expression des gènes codant la PRL1 et la GH montre une variabilité inter-individuelle qui est plus ou moins forte suivant les populations. Il est peut probable que cette variation soit due à des artéfacts techniques liées à la méthode d'analyse ou au prélèvement des échantillons pour des raisons évoquées dans le chapitre II (*cf. II.4.3, p.83*). Cette variation reflète probablement des différences physiologiques et pourrait être liées à une simple plasticité des individus. Elle pourrait être aussi le résultat de différences génétiques dans les régions régulatrices de l'expression de ces gènes comme cela a été démontré chez *O. mossambicus* pour la prolactine (Streelman and Kocher, 2002). Des études ultérieures portant sur la recherche de polymorphisme dans les régions qui régulent l'expression de la PRL et de la GH seraient nécessaires pour déterminer les causes de la variation interdividuelle de l'expression de ces gènes chez *S. melanotheron*.

En résumé, cette étude est la première à s'intéresser au rôle de la GH et de la PRL1 dans l'adaptation chronique sur un spectre de salinité allant de 0 à plus de 100 psu. Les niveaux d'ARNm de PRL_1 traduisent relativement bien les différences de salinité des environnements échantillonnés, contrairement à ceux de la GH, qui refléterait la croissance des individus par rapport à leur environnement. Ainsi, notre étude a permis pour la première fois, de valider en milieu naturel le rôle dans l'osmorégulation de la PRL_1 chez le tilapia. Cependant, aucune relation entre la croissance dans les zones hypersalées et le profil d'expression de la GH n'a été identifiée. Malgré l'homogénéité de nos échantillons, l'analyse de l'expression des gènes codant la PRL_1 et la GH chez *S. melanotheron* a montré une importante variation interindividuelle. De telles variations pourraient refléter des différences génétiques, de croissance et/ou de statut immunitaire. La contribution de chacun de ces facteurs dans la variabilité interindividuelle des niveaux d'expression des gènes de la GH et de la PRL_1 en milieu naturel reste à étudier. Une prochaine analyse intra-populationnelle de l'expression de ces gènes chez des poissons maintenus dans les mêmes conditions expérimentales, permettrait d'évaluer la contribution des facteurs génétiques dans cette variabilité.

Chapitre IV : Demande et consommation énergétiques associées à l'acclimatation de *S. melanotheron* aux conditions hypersalées

IV.1. Introduction

Les analyses en composantes principales réalisées dans le chapitres II semblent indiquer des corrélations entre les gènes codant pour la Na$^+$-K$^+$-ATPase 1α (NAKA), la NADH déshydrogénase (NADH), le cytochrome c oxydase-1 (Cyt.C) et la *Voltage-dependent Anion Channel* (VDAC). Les recherches que nous avons effectuées dans la littérature indiquent l'existence de relations fonctionnelles entre ces gènes. En effet, l'énergie permettant le fonctionnement de la NAKA est issue de l'hydrolyse de l'ATP (Marshall and Bryson, 1998), qui proviendrait essentiellement de la phosphorylation oxydative qui s'opère au niveau de la chaîne respiratoire mitochondriale. Les molécules d'ATP formées dans la mitochondrie par phosphorylation oxydative passent par les canaux VDAC situés au niveau de la membrane mitochondriale externe pour être utilisés par la pompe NAKA (**Fig. 42**). Selon ce fonctionnement, une corrélation est attendue entre les composantes de la chaîne respiratoire mitochondriale notamment la NADH déshydrogénase et le cytochrome c oxydase I, la VDAC et la NAKA.

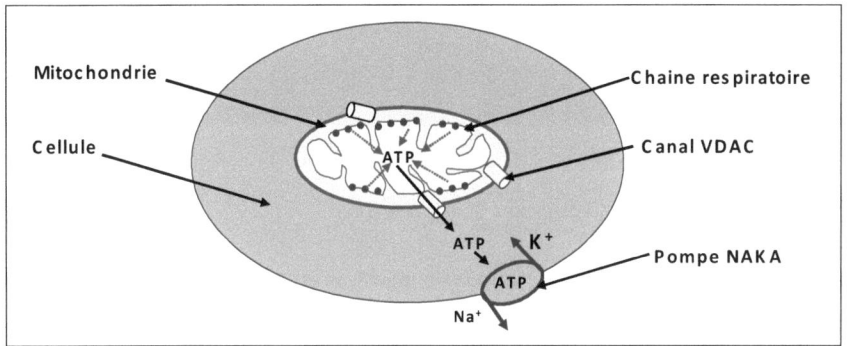

Figure 42 : Schéma explicatif de la synthèse de l'ATP au niveau de la chaine respiratoire mitochondriale, de son transport par le canal VDAC (*Voltage-dependent Anion Channel*) et de son utilisation par la pompe NAKA (Na^+-K^+-ATPase).

Le but ce chapitre est non seulement d'évaluer en milieu naturel, le rôle de ces gènes dans l'acclimatation chronique du tilapia à la salinité mais également d'identifier d'éventuelles relations fonctionnelles à travers leur profil d'expression. Dans ce chapitre, nous avons également cherché à connaître si ce profil suit les variations saisonnières de salinité dans les estuaires afin de mieux évaluer les relations entre salinité ambiante et expression des ces gènes. Afin d'atteindre ces objectifs, l'abondance des transcrits de ces gènes dans les branchies a été déterminée dans les échantillons de 2006 en utilisant la rt-PCR. L'analyse a été effectuée sur des échantillons collectés en saison sèche et en saison des pluies. Parallèlement, le facteur de condition des individus a été mesuré pour d'une part caractériser les effets de l'environnement et d'autre part évaluer sa relation avec le profil d'expression des gènes.

IV.2. Matériel et méthode

IV.2.1. Echantillonnage et estimations de la condition des poissons

Les échantillons traités dans ce chapitre sont ceux qui ont été analysés dans le milieu naturel dans le chapitre II. Les échantillons de la saison des pluies sont ceux qui ont été collectés en octobre 2006 (*cf. Matériel et méthodes, p. 33)* et font l'objet d'analyses d'expression pour la première fois dans ce chapitre. Dix individus par population ont été analysés. Le facteur de condition (K) a été calculé (*cf. Matériel et méthodes, p. 34*) à la fois sur des échantillons de mai et d'octobre 2006 afin de d'évaluer les effets de la variation saisonnière de la salinité dans les estuaires sur ce paramètre.

IV.2.2. Extraction des ARN et analyses de PCR en temps réel

Les ARN totaux ont été extraits de branchies conservées dans du RNA Later (Ambion) suivant le protocole décrit dans la partie matériel et méthodes (*cf. IV.1, p. 38*). La concentration en ARN, leur pureté et leur qualité ont été évaluées comme décrite dans la partie Matériel et méthodes (*cf. IV.2, p. 39*). Pour la rt-PCR, 500 ng d'ARN totaux ont été rétro-transcrits en ADNc pour la quantification de l'expression relative des gènes codant la Na^+-K^+-ATPase, *Voltage depending anion Channel*, le cytochrome C oxydasse I et la NADH déshydrogénase. Les amorces sont les mêmes que celles utilisées pour ces gènes dans la validation des résultats des banques SSH (*cf. matériel et méthodes, VI.2, p. 47-48*). Chaque réaction de PCR en temps réel (rt-PCR) a été réalisée sur un appareil Light Cycler 480 (Roche) suivant le mélange réactionnelle et le programme d'amplification détaillés dans le matériel et méthodes (*cf. VI.2, p. 47-48*). Les réactions de PCR ont été exécutées dans une microplaque de 384 pour les raisons évoquées dans le chapitre II (*II.2.2, p. 68-69*). Les réactions de rt-PCR, le programme d'amplification, le calcul de l'expression relative et les variations inter essai de rt-PCR ont été effectués comme décrite précédemment (*cf. matériel et méthodes, VI.4, p. 50*)

IV.2.3. Analyses statistiques

Les analyses statistiques ont été réalisées à partir des logiciels Excel 2003 et STATISTICA 6. Auparavant, les tests d'homogénéité des variances de Bartlett (Scherrer, 1984) et de normalité de Kolmogorov-Smirnov ont été utilisés pour s'assurer de l'applicabilité de l'ANOVA. Cette dernière a été appliquée pour calculer les différences entre populations, suivie du test de comparaisons multiples de Tukey. Lorsque les conditions d'applicabilité de l'ANOVA n'étaient pas respectées, des tests non paramétriques de Kruskall-Wallis (Scherrer, 1984) ont été effectués pour comparer les valeurs des moyennes. Des régressions linéaires ont été effectuées sur les niveaux de transcrits de la VDAC, de la NAKA et la salinité environnementale pour vérifier les relations entre ces variables. Dans tous les cas, des valeurs de probabilité (p) inférieures à 0,05 indiquent des différences ou des corrélations significatives.

IV.3. Résultats

IV.3.1. Facteur de condition

Le test de Bartlett sur la moyenne individuelle du facteur de condition a indiqué une homogénéité des variances pour la moyenne des stations en saison sèche ($p > 0,05$). De la même façon, le test de Kolmogorov-Smirnov effectué sur les échantillons de la même saison a indiqué une distribution normale de la variance des moyennes du facteur de condition ($p > 0,05$). La moyenne du facteur de condition était globalement différente entre les stations (ANOVA, $p <$ 0,05) **(Fig. 43)**. Les comparaisons *post-hoc* ont montré une meilleure condition des poissons provenant de la station de Balingho (Gambie) comparés à ceux de la station marine de la baie de Hann, et des stations de salinités extrêmes du lac de Guiers et de Kaolack (Tukey, $p < 0,05$). La moyenne du facteur de condition mesuré en milieu estuarien de salinités intermédiaires (Missirah, Foundiougne) était significativement différente de celle des autres localités (Tukey, $p > 0,05$). Aucune différence significative du facteur de condition moyen n'a été observée entre les stations de l'estuaire du Saloum (Tukey, $p > 0,05$).

Le test de Bartlett sur la moyenne individuelle du facteur de condition a indiqué une hétérogénéité des variances pour la moyenne des stations en saison des pluies ($p < 0,05$). La meilleure condition a été observée à la station du lac de Guiers comparée aux stations de Missirah et de Kaolack (Kruskal-Wallis, $p <$

0,05) **(Fig. 43)**. Aucune différence significative n'a été observée entre la station de Balingho, la station marine de la baie de Hann et les stations de salinités extrêmes du lac de Guiers et de Kaolack (Kruskal-Wallis, $p > 0,05$). De façon similaire, la moyenne du facteur de condition n'a pas présenté de différences significatives entre les différentes stations de l'estuaire du Saloum. Les comparaisons entre saisons ont montré une meilleure condition des poissons en saison des pluies dans les stations du lac de Guiers de la baie de Hann et de Foundiougne.

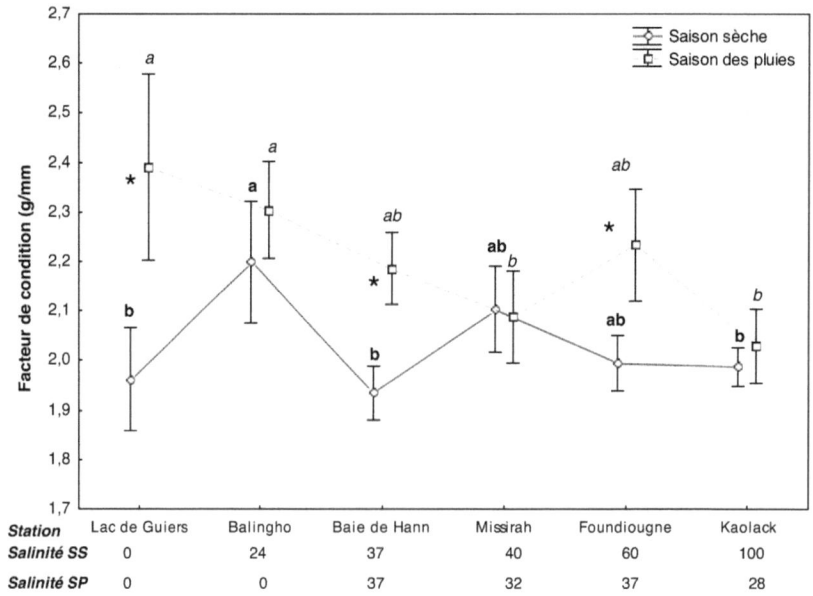

Figure 43: Moyenne ± écart-type (10 individus) du facteur de condition des différentes populations de *Sarotherodon melanotheron* échantillonnées (saison sèche, SS) et en octobre (saison des pluies, SP) 2006. Les différentes lettres placées au dessus de chaque barre indiquent des valeurs de moyennes significativement différentes entre stations. Les étoiles placées à côté de la moyenne indiquent des différences significatives entre saisons (Turkey et de Kruskal-Wallis, $p < 0,05$).

IV.3.2. Expression relative de la Na$^+$, K$^+$-ATPase

En saison sèche, les niveaux de transcrits du gène codant la NAKA étaient significativement plus élevés dans les localités de salinités extrêmes (Lac de Guiers, Kaolack), et plus faibles dans les localités de salinités intermédiaires (Balingho, baie de Hann, Missirah, Foundiougne) (Kruskal-Wallis, $p < 0,05$) (**Fig. 44**). Aucune différence significative des niveaux d'ARNm de la NAKA n'a été observée entre les stations de salinités extrêmes (Kruskal-Wallis, $p > 0,05$). La station de Foundiougne était significativement différente de Missirah et Balingho mais elle n'a montré aucune différence significative avec la station de Baie de Hann. Il n'y a pas eu aussi de différences significatives des niveaux d'ARNm de la NAKA entre les stations de Balingho, Baie de Hann et Missirah.

En saison des pluies, l'expression des niveaux d'ARNm de la NAKA était significativement plus élevée à Foundiougne où la salinité était plus élevée, et plus faible dans la station d'eau douce de Balingho (Kruskal-Wallis, $p < 0,05$) (**Fig. 44**). La NAKA était significativement plus exprimée à Foundiougne qu'à la baie de Hann, alors que ces deux stations ont la même salinité. La station de Balingho n'a présenté aucune différence significative avec les autres stations (Kruskal-Wallis, $p > 0,05$) excepté qu'avec Missirah où les niveaux de transcrits de la NAKA étaient plus élevés (Kruskal-Wallis, $p < 0,05$). Les comparaisons entre saisons ont indiqué des niveaux de transcrits de la NAKA plus élevés en saison des pluies dans les stations de Baie de Hann, Missirah et Foundiougne, et plus faibles dans celle de Lac de Guiers et de Kaolack (Kruskal-Wallis, $p < 0,05$). Les niveaux d'ARNm de la NAKA n'ont pas montré de différences significatives entre saisons à Balingho.

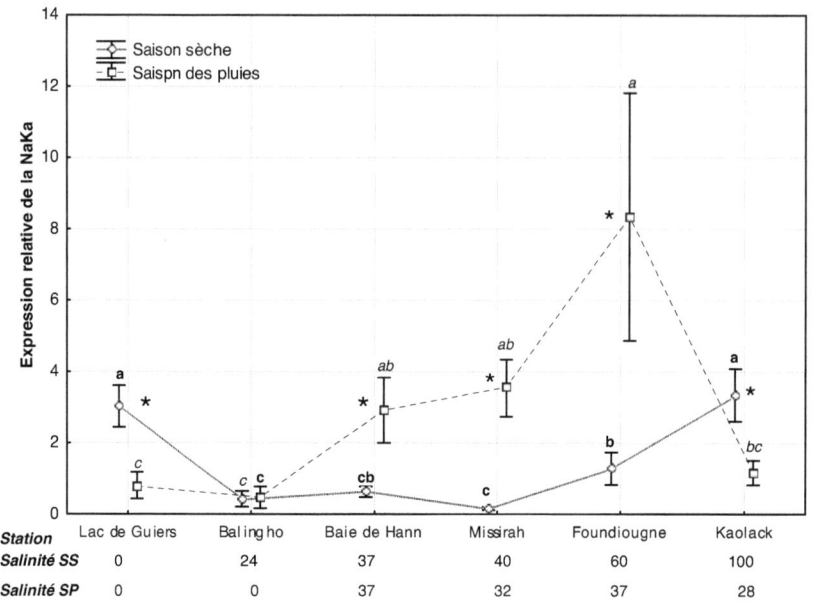

Station	Lac de Guiers	Balingho	Baie de Hann	Missirah	Foundiougne	Kaolack
Salinité SS	0	24	37	40	60	100
Salinité SP	0	0	37	32	37	28

Figure 44: Expression relative de la NAKA mesurée dans les branchies de *S. melanotheron* adapté à différentes salinités : 0, 24 , 37, 40, 60, et 100 psu (saison sèche, SS) et 0, 0, 37, 32, 37 et 28 psu (saison des pluies, SP), respectivement dans les stations de lac de Guiers, Balingho, baie de Hann, Missirah, Foundiougne et Kaolack. La quantité des ARNm de la NAKA de chaque échantillon a été normalisée par la β-actine. Les données représentent les moyennes ± écart-types (10 individus). Les différentes lettres placées au dessus de chaque barre indiquent des valeurs de moyennes significativement différentes entre les stations et les étoiles placées à côté de la moyenne indiquent des différences significatives entre saisons (Kruskal-Wallis, $p < 0,05$).

IV.3.3. Expression relative de la VDAC

Les niveaux de transcrits de la VDAC en saison sèche ont été significativement plus élevés dans les stations d'extrêmes salinité, et plus faibles dans les localités de salinités intermédiaires (Kruskal-Wallis, $p < 0,05$) (**Fig. 45**). La station du lac de Guiers n'a présenté aucune différence significative avec celle de Foundiougne. Aucune différence significative n'a été observée entre les stations de salinité intermédiaire de Balingho, Baie de Hann et Missirah (Kruskal-Wallis, $p > 0,05$). A la différence de la NAKA, les niveaux d'ARNm de la VDAC en saison sèche ont été significativement plus élevés dans la station hypersalée de Kaolack qu'en eau douce (Lac de Guiers) (Kruskal-Wallis, $p < 0,05$).

En saison des pluies, les niveaux d'ARNm de la VDAC ont été significativement plus élevés dans les stations d'eau douce du lac de Guiers et de Balingho, et dans les stations les plus salées de l'estuaire du Saloum (Missirah et de Foundiougne) (**Fig. 45**). Les niveaux de transcrits de la VDAC étaient plus faibles dans la station la plus intermédiaire de Kaolack (28 psu) (Kruskal-Wallis, $p < 0,05$). Aucune différence significative des niveaux d'ARNm de la VDAC n'a été observée entre la station marine de la baie de Hann et les autres localités (Kruskal-Wallis, $p > 0,05$). Les niveaux de transcrits de la VDAC sont significativement plus élevés en saison sèche dans les stations de Balingho et de Missirah, et plus faibles dans la station de Kaolack. Aucune différence significative entre saisons n'a été observée dans les autres stations.

IV.3.4. Relations entre les niveaux d'ARNm de la NAKA, de la VDAC et la salinité

Les niveaux de transcrits de la NAKA en saison des pluies étaient significativement corrélés avec la salinité environnementale ($r^2 = 0,3$; $p < 0,001$) (**Fig. 46**). Les niveaux d'ARNm de la NAKA en saison des pluies semblent augmenter avec l'augmentation de la salinité environnementale.

Les niveaux de transcrits de la VDAC sont fortement corrélés à ceux de NAKA en saison sèche ($r^2 = 0,629$; $p < 0,001$) (**Fig. 47**). En saison des pluies, les niveaux de transcrits de la VDAC et de la NAKA sont toujours significativement corrélés ($r^2 = 0,081$; $p = 0,027$) même si la corrélation est beaucoup plus faible qu'en saison sèche (**Fig. 48**).

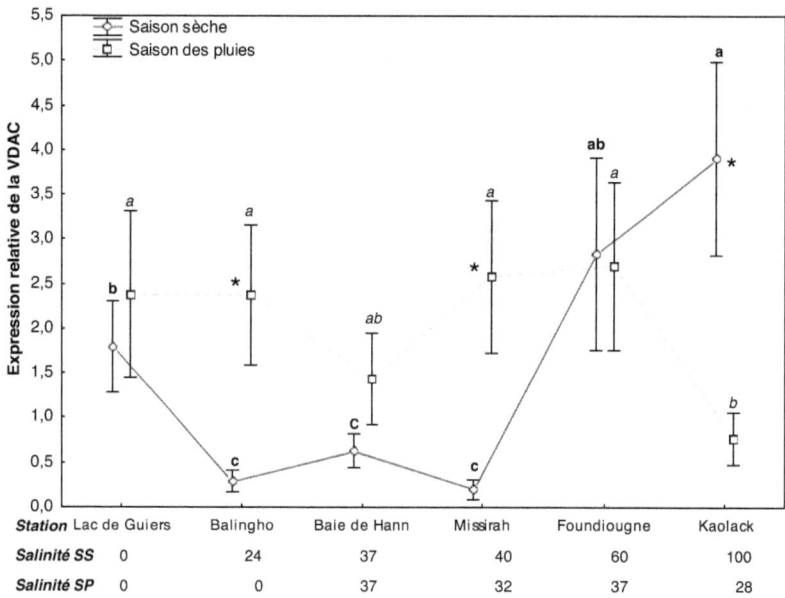

Figure 45: Expression relative de la VDAC, mesurée dans les branchies de *S. melanotheron* adapté à différentes salinités : 0, 22 , 37, 40, 60, et 100 psu (saison sèche, SS) et 0, 0, 37, 32, 37 et 28 psu (saison des pluies, SP), respectivement dans les stations de Lac de Guiers, Balingho, Baie de Hann, Missirah, Foundiougne et Kaolack. La quantité des ARNm de la VDAC de chaque échantillon a été normalisée par la β-actine. Les données représentent les moyennes ± écart-types (10 individus). Les différentes lettres placées au dessus de chaque barre indiquent des valeurs de moyennes significativement différentes entre stations et les étoiles placées à côté indiquent des différentes entre saisons (Kruskal-Wallis, $p < 0,05$).

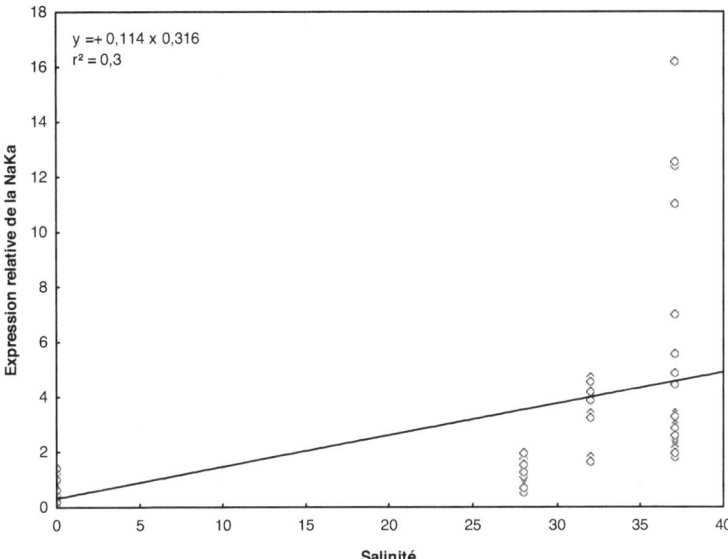

Figure 46: Relation entre les niveaux de transcrits de la NAKA dans les branchies de *S. melanotheron* échantillonné en saison des pluies et la salinité du milieu. Les données représentent l'expression relative normalisée par la β-actine.

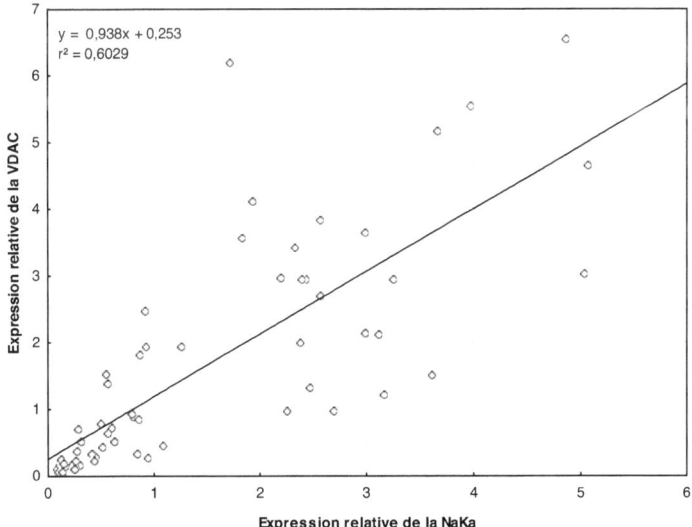

Figure 47: Relations entre les niveaux de transcrits de la VDAC et de la NAKA dans les branchies de *S. melanotheron* échantillonné en saison sèche (mai 2006).

Les données sont représentées en tant qu'expression relative normalisée par la β-actine.

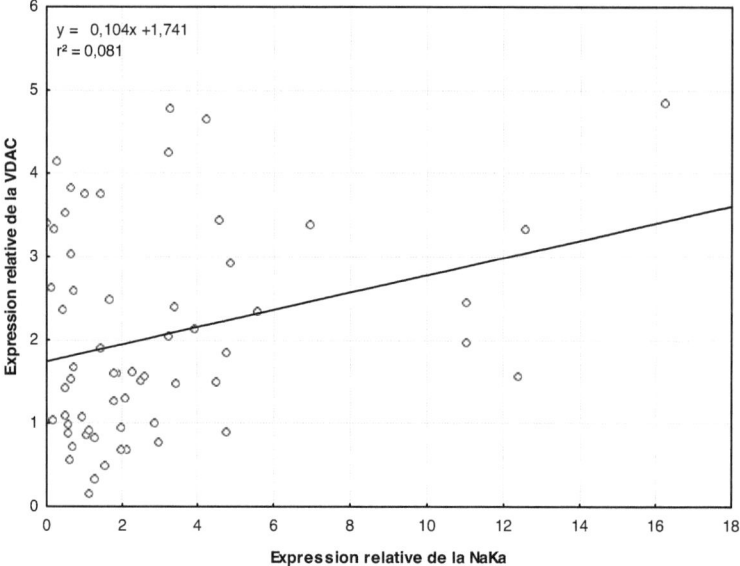

Figure 48: Relation entre les niveaux de transcrits de la VDAC et de la NAKA dans les branchies de *S. melanotheron* échantillonné en saison des pluies (mai 2006). Les données sont représentées en tant qu'expression relative normalisée par la β-actine.

IV.3.5. Expression relative du cytochrome c oxydase-1

Les niveaux de transcrits du cytochrome c oxydase-1 en saison sèche étaient significativement plus élevés dans la station la plus salée de l'estuaire du Saloum (Kaolack) (Kruskal-Wallis, $p < 0.05$) (**Fig. 49**). Aucune différence significative des niveaux d'ARNm du cytochrome c oxydase-1 n'a été observée entre l'eau douce (Lac de Guiers, eau saumâtre (Balingho), l'eau de mer (Baie de Hann) et les stations les moins salées de l'estuaire hypersalé du Saloum (Kruskal-Wallis, $p > 0.05$).

En saison des pluies, l'expression du cytochrome c oxydase-1 était toujours plus élevée dans la station d'eau saumâtre de Kaolack malgré la basse de salinité. Les plus faibles niveaux d'ARNm du cytochrome c oxydase-1 ont été observées en eau douce (**Fig. 49**) (Kruskal-Wallis, $p < 0{,}05$). Les niveaux de transcrits du cytochrome c oxydase-1 à Kaolack n'étaient pas différents de ceux des autres stations de l'estuaire du Saloum. De même, il n'y a eu aucune différence significative entre la station marine de la baie de Hann et des autres stations (Kruskal-Wallis, $p > 0{,}05$). Aucune différence significative des niveaux de transcrits du cytochrome c oxydase-1 n'a été observée entre saisons.

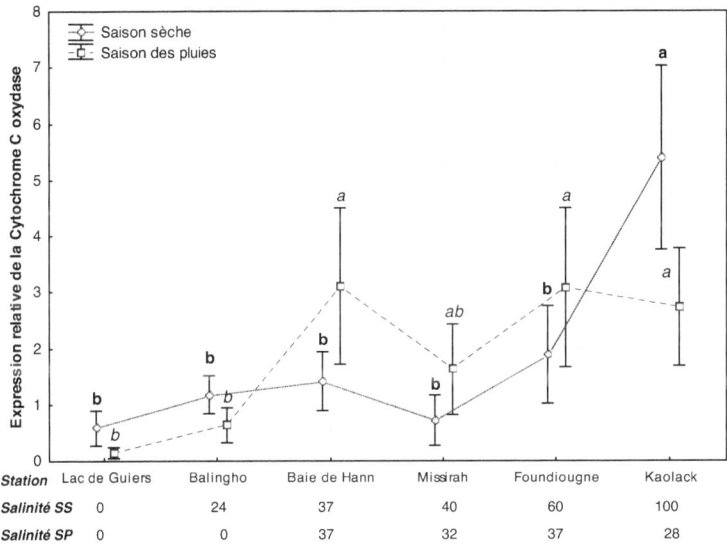

Station	Lac de Guiers	Balingho	Baie de Hann	Missirah	Foundiougne	Kaolack
Salinité SS	0	24	37	40	60	100
Salinité SP	0	0	37	32	37	28

Figure 49: Expression relative du cytochrome c oxydase, mesurée dans les branchies de *S. melanotheron* adapté à différentes salinités : 0, 24, 37, 40, 60, et 100 psu (saison sèche, SS) et 0, 0, 37, 32, 37 et 28 psu (saison des pluies, SP), respectivement dans les stations de lac de Guiers, Balingho, Baie de Hann, Missirah, Foundiougne et Kaolack. La quantité des ARNm du cytochrome c oxydase de chaque échantillon a été normalisée par la β-actine. Les données représentent les moyennes ± écart-types (10 individus) et les différentes lettres

placées au dessus de chaque barre indiquent des valeurs de moyennes significativement différentes d'après le test de Kruskal-Wallis ($p < 0,05$).

IV.3.6. Expression relative de la NADH déshydrogénase

L'expression du gène codant la NADH déshydrogénase a été analysée uniquement en saison sèche au moment où la salinité dans estuaires est maximale. Les niveaux de transcrits de la NADH déshydrogénase étaient significativement plus faibles dans la station la moins salée de l'estuaire du Saloum (Missirah) et plus élevés dans les stations les plus salées de l'estuaire du Saloum (Foundiougne, Kaolack) et dans les stations moins salées du lac de Guiers et de la baie de Hann. Il n'y a pas eu de différences significatives entre Missirah et Balingho (**Fig. 50**).

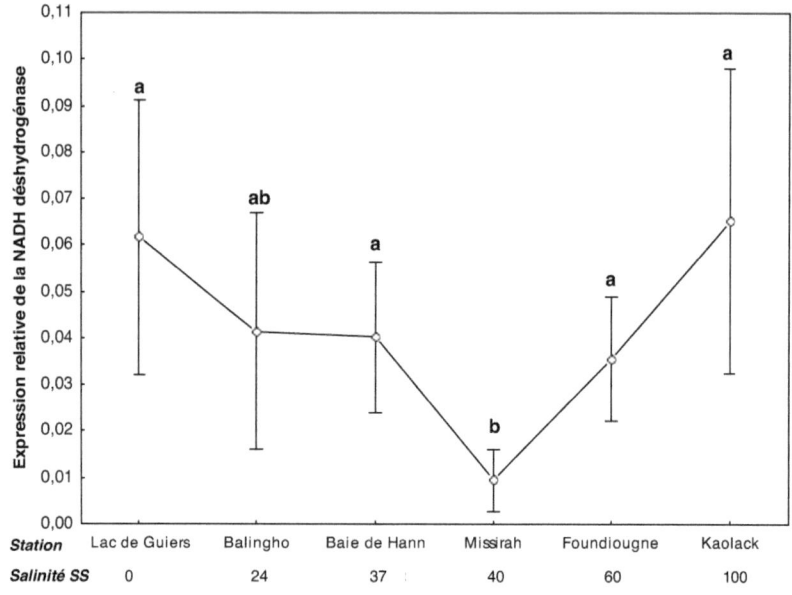

Figure 50: Expression relative de la NADH déshydrogénase, mesurée dans les branchies de *S. melanotheron* adapté à des salinités de 0 (lac de Guiers), 22 (Balingho), 37 (Baie de Hann), 40 (Missirah), 60 (Foundiougne), et 100 (Kaolack). La quantité des ARNm de la NADH déshydrogénase de chaque

échantillon a été normalisée par la β-actine. Les données représentent les moyennes ± écart-types (10 individus) et les différentes lettres placées au dessus de chaque barre indiquent des valeurs de moyennes significativement différentes avec le test de Kruskal-Wallis ($p < 0,05$).

IV.4. Discussion

IV.4.1. Model d'expression des gènes en réponse à la salinité

Pour faire face aux variations de salinité, le tilapia *S. melanotheron* doit ajuster constamment le flux d'ions au niveau de l'épithélium branchial afin de maintenir sa balance hydrominérale (Sakamoto et al., 2001). Cette fonction est essentiellement assurée par la NAKA (Jensen *et al.*, 1998; Tipsmark *et al.*, 2002; Hiroi and McCormick, 2007). Les mécanismes impliqués dans la production de NAKA mature pourraient impliquer des régulations au niveau transcriptionnel (Jensen et al., 1998; Mancera and McCormick, 2000). Il est souvent supposé une corrélation positive entre l'expression d'un gène et l'abondance des protéines codées par ce gène. Si cette relation n'est pas toujours vérifiée, l'abondance d'une protéine traduit souvent son niveau d'activité (Scott et al., 2004). Il a d'ailleurs été observée chez *Sparus sarba* une augmentation concomitante de l'expression de la NAKA, de l'abondance de cette protéine et de l'activité de la pompe NAKA, ce qui est en accord avec les relations supposées : expression-abondance d'une protéine-activité (Deane and Woo, 2004). Chez *S. melanotheron*, l'expression de la NAKA en saison sèche est plus faible chez les poissons acclimatés à des salinités intermédiaires comparés à ceux vivant dans des salinités extrêmes. Ces résultats indiquent une régulation de l'expression de la NAKA en réponse à la salinité de type modèle en 'U', comme décrit chez certains téléostéens euryhalins *Sparus sarba* (Deane and Woo, 2004), *Morone saxatilis*, (Tipsmark et al., 2004) et *Sparus auratus* (Laiz-Carrión et al., 2005). Chez ces espèces, l'expression de la NAKA est plus élevée dans les eaux de salinités extrêmes, et plus faible dans les salinités intermédiaires. Ce modèle en

'U' serait caractéristique des espèces euryhalines (Jensen et al., 1998). Le tilapia *S. melanotheron* est une espèce euryhaline d'eau saumâtre, généralement rencontrée dans les estuaires et lagunes et occasionnellement en mer et en eau douce (Ouattara et al., 2003). L'existence d'un tel modèle pourrait être énergétiquement favorable pour cette espèce puisqu'elle lui permet de maintenir une activité de la NAKA relativement faible en dehors des changements de salinité (aux intersaisons). Comme l'acclimatation à la salinité a un coût énergétique qui pourrait affecter les performances de croissance (Woo and Kelly, 1995), les poissons vivant dans des milieux de salinité intermédiaire avec une activité de la NAKA plus faible investiront moins d'énergie dans l'osmorégulation. Par conséquence, ils auraient plus d'énergie disponible pour la croissance (Boeuf and Payan, 2001; Imsland et al., 2001). La faible dépense énergétique liée à l'acclimatation aux salinités intermédiaires expliquerait les meilleures taux de croissance observés chez les tilapias issus de l'environnement marin *(Fig.38B, chapitre III, p.90)* et les meilleurs indices de condition observés chez les poissons vivant en eau saumâtre (Dennis and Bulger, 1995). En outre, ce modèle confère un potentiel d'élévation de l'activité de la NAKA (dans les deux sens à partir du point isoosmotique) assez large, et donc une grande capacité d'adaptation aussi bien à des environnements hypo- qu'hypersalins. Ainsi, son existence chez *S. melanotheron* pourrait être expliquée par le fait que cette espèce soit capable de vivre dans une large gamme de salinité (0 à 130 psu).

L'énergie nécessaire pour le fonctionnement de la pompe NAKA est issue de l'hydrolyse de l'ATP (Marshall and Bryson, 1998). Même si une partie de cet ATP est issue de la conversion de la phosphocréatine et de la glycolyse (Kultz and Somero, 1995), une grande partie pourrait provenir de la phosphorylation oxydative qui produit l'essentiel des ATP nécessaires au fonctionnement de la cellule. En utilisant le glucose comme substrat, la phosphorylation oxydative produit 17 fois plus d'ATP que la glycolyse (Kadenbach, 2003). Ainsi, l'activité des composants de la chaîne respiratoire mitochondriale où s'opère la phosphorylation oxydative devrait être corrélée à celle de la cellule notamment à celle de la pompe NAKA. Nous avons analysé l'expression de deux enzymes, la NADH déshydrogénase et le cytochrome c oxydase-1, qui sont respectivement les complexes I et IV de la chaîne respiratoire mitochondriale. L'expression de la NADH déshydrogénase en réponse aux changements de salinité semble être conforme au modèle en 'U', avec des niveaux plus faibles dans la station de Missrah et plus fortes dans les salinités extrêmes (Lac de Guiers, Kaolack). La forte corrélation de l'expression de la VDAC et de la NAKA serait en accord avec une dépense énergétique lié à l'osmorégulation plus importante dans les salinités extrêmes que dans les salinités intermédiaires (Okada et al., 2004). Bien que le profil d'expression du cytochrome c oxydase-1 ne soit pas similaire à celui de la NAKA, son expression élevée dans la station hypersalée de Kaolack semble indiquer une importante dépense énergétique qui pourrait refléter une activité de la pompe NAKA.

IV.4.2. Altération du modèle d'expression en saison des pluies

Le modèle d'expression de la NAKA lié aux différences de salinité rencontrées au Sénégal et en Gambie n'apparaît pas constant d'une saison à l'autre. En effet, contrairement à ce qui avait été observé en saison sèche, l'expression de la NAKA en saison des pluies semble être positivement corrélée avec la salinité environnementale. Elle semble suivre le modèle de 'paradigme diadromique' décrit chez le tilapia, *Oreochromis mossambicus* (Lee et al., 2000) et chez plusieurs espèces de salmonidés (Sakamoto et al., 2001) et dans lequel l'activité de la NAKA augmente avec l'augmentation de la salinité du milieu. Cependant, la corrélation observée dans cette étude est très faible même si elle reste significative. En outre, l'expression de la NAKA reste toujours significativement corrélée à celle de la VDAC dont le profil répond toujours au modèle en 'U'. L'altération du profil d'expression de la NAKA en saison des pluies serait liée à la variation de son expression dans les stations d'eau douce de Lac de Guiers et de Balingho. Si le passage saisonnier de la station de Kaolack d'une eau hypersalée à de l'eau saumâtre est accompagné d'une baisse considérable de l'expression de la NAKA conformément au modèle en 'U', celui de Balingho (eau saumâtre à l'eau douce) n'est pas associé à une augmentation de l'expression de la NAKA. Cette absence de différences pourrait être due à la faible amplitude de la variation de la salinité à Balingho (24) comparativement qu'à Kaolack (63). Finalement, la considérable sous-expression de la NAKA en eau douce (Lac de Guiers) malgré la constance de la salinité en comparaison à l'eau saumâtre (Kaolack), serait vraisemblable à l'origine de l'altération du profil d'expression de la NAKA.

En résumé, nous avons analysé les profils d'expression de 4 gènes impliqués dans le transport d'ions et dans le métabolisme énergétique chez six populations naturelles du tilapia *S. melanotheron* adaptées à deux gammes de salinité (0-100 vs 0-37 psu). Notre étude a montré que les niveaux de transcrits de la NAKA, de la VDAC et de la NADH déshydrogénase étaient plus faibles dans les salinités intermédiaires, probablement à cause d'une moindre dépense énergétique associée au transport actif des ions. Les profils d'expression de ces gènes révèlent ainsi l'existence de modèle de dépendance de la NAKA en 'U' en réponse à la salinité. L'existence d'un tel modèle chez *S. melanotheron* serait en accord avec sa croissance, sa condition en milieu naturel et sa large gamme de tolérance à la salinité. Ce modèle est altéré par les variations saisonnières de la salinité notamment par la baisse de salinité à Balingho qui n'est pas associée à une augmentation de l'expression de la NAKA probablement à cause de la faiblesse de l'amplitude de la variation. Cependant la chute des niveaux d'expression de la NAKA au lac de Guiers serait la principale source de cette altération. Les causes de cette baisse des niveaux d'expression de la NAKA restent à déterminer.

Chapitre V : Rôles antagonistes de l'anhydrase carbonique et de la calmoduline dans l'adaptation chronique du tilapia *S. melanotheron* à la salinité

V.1. Introduction

Dans ce chapitre, nous nous intéressons à l'anhydrase carbonique (AC) et à la calmoduline (CaM) dont les profils d'expression inversement corrélés en conditions expérimentales laissent penser à des actions antagonistes dans l'osmorégulation. Il existerait deux formes d'AC dans les branchies des poissons dont l'une est présente dans les érythrocytes et l'autre reliée à la membrane des cellules de l'épithélium branchial avec une orientation vers le plasma. L'AC des érythrocytes serait impliquée dans la régulation acide-base tandis que celle des cellules épithéliales interviendrait à la fois dans les régulations acide-base et hydrominéral. La régulation du pH se fait par un ajustement du taux d'acide et/ou de base (H+, HCO3-), qui en retour est reliée à l'absorption des ions Na^+ et Cl^- à travers la membrane apicale de l'épithélium branchial par l'intermédiaire d'échanges combinés Na^+/H^+, $Na^+/NH4^+$ et Cl^-/HCO_3^- (Henry, 2001). Les recherches par Blast et les analyses phylogénétiques qui ont été réalisées précédemment n'ont pas permis de définir clairement la forme de l'AC qui a été identifiée dans cette étude. Ainsi, une analyse d'expression de l'AC chez des populations naturelles de *S. melanotheron* acclimatées à différentes salinités pourrait permettre de déterminer la forme qui a été isolée dans cette étude.

La calmoduline (CaM) est une protéine qui, lorsqu'elle s'associe aux ions calcium intracellulaires forme un complexe CaM/Ca^{+2} permettant l'activation de divers processus cellulaires. La CaM régulerait l'expression de certains gènes impliqués dans l'acclimatation à la salinité notamment la prolactine (PRL) (Davis et al., 1991) et l'hormone de croissance (GH) (Huo et al., 2005). Si la CaM a un rôle crucial dans l'acclimatation des poissons à la salinité (Eckert et al., 2001; Seale et al., 2002) à travers une régulation de l'expression gènes très impliqués dans les mécanismes d'osmorégulation, il est probable qu'elle soit aussi impliquée dans la régulation de l'expression de l'AC.

L'objectif de ce chapitre est de déterminer la forme de l'AC isolée chez *S. melanotheron* et d'autre part d'évaluer les éventuelles relations entre cette AC et la CaM à travers la comparaison de leur profil d'expression. Dans ce chapitre, nous cherchons à comparer le profil d'expression de la CaM-1 avec ceux de la PRL1 et de la GH obtenus dans une précédente étude (*chapitre III, p.87*) sur les mêmes populations sur un même spectre de salinité. Afin de tenir compte de l'impact de la saison des pluies, qui constitue un changement très important des conditions physicochimiques de l'environnement, les analyses ont été effectuées à la fois sur des échantillons de saison sèche et de saison des pluies (mai et octobre 2006). La méthode de rt-PCR a été utilisée pour comparer le taux d'expression de l'AC et de la CaM entre les populations naturelles.

V.2. Matériel et méthodes

V.2.1. Echantillonnage, extraction des ARN totaux et analyses de rt-PCR

Les poissons analysés dans cette partie sont les mêmes que ceux du chapitre précédent. Par conséquent, le plan d'échantillonnage, l'extraction des ARN totaux, la synthèse des ADNc et la quantification par rt-PCR ont été effectués de la même manière et en même temps. C'est pourquoi ces parties ne sont pas redécrites dans ce chapitre.

V.2.2. Analyses statistiques

Les tests d'homogénéité des variances de Bartlett (Scherrer, 1984) et de normalité de Kolmogorov-Smirnov ont été préalablement utilisés pour s'assurer de l'applicabilité de l'ANOVA. Etant donné que les conditions d'utilisation de cette dernière n'étaient pas satisfaites, nous avons utilisé les tests de comparaisons multiples de Kruskall-Wallis (Scherrer, 1984) pour calculer les différences entre populations. Des régressions linéaires ont été effectuées sur les niveaux de transcrits de la CaM, de l'AC et la salinité environnementale pour vérifier les relations entre ces variables. Dans tous les cas, des valeurs de p inférieures à 0,05 indiquent des différences ou des corrélations significatives.

V.3. Résultats

V.3.1. Expression relative de l'anhydrase carbonique

L'expression de l'AC en saison sèche est significativement plus élevée dans les stations les plus salées (Foundiougne, Kaolack) et plus faibles dans les localités de plus faible salinité (Lac de Guiers, Balingho, Baie de Hann, Missirah) (Kruskal-Wallis, $p < 0,05$). Aucune différence significative d'expression de l'AC n'a été observée entre les stations de Lac de Guiers (eau douce) Balingho (saumâtre), Baie de Hann (eau de mer) et la station la moins salée de l'estuaire du Saloum (Kruskal-Wallis, $p > 0,05$).

L'expression de l'AC en saison des pluies est toujours significativement plus élevée dans les stations les plus salées de l'estuaire du Saloum comparées aux stations d'eau douce du lac de Guiers et de Balingho (Kruskal-Wallis, $p < 0,05$) (**Fig. 51**). En revanche, la station la moins salée de l'estuaire du Saloum (Kaolack) ne présente aucune différence significative avec les stations d'eau douce du lac de Guiers et de Balingho (Kruskal-Wallis, $p > 0,05$). De même, aucune différence significative n'a été observée entre la station marine de la baie de Hann et les autres stations excepté Balingho où l'AC est moins exprimée.

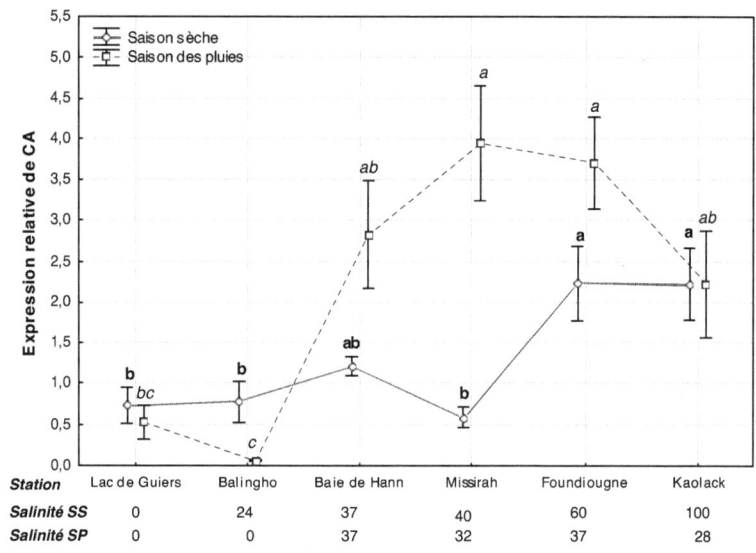

Figure 51: Expression relative de l'AC, mesurée dans les branchies de *S. melanotheron* issus de milieux présentant différentes salinités : 0, 24, 37, 40, 60, et 100 psu (saison sèche : SS) et 0, 0, 37, 32, 37 et 28 psu (saison des pluies : SP), respectivement dans les stations de lac de Guiers, Balingho, Baie de Hann, Missirah, Foundiougne et Kaolack. La quantité d'ARNm de l'AC de chaque échantillon a été normalisée par la β-actine. Les données représentent les moyennes ± écart-types (10 individus). Les différentes lettres placées au dessus

de chaque barre indiquent des valeurs de moyennes significativement
différentes entre stations (Kruskal-Wallis, $p < 0,05$).

V.3.3. Expression relative de la calmoduline

La calmoduline (CaM) en saison sèche est surexprimée dans la population

échantillonnée en eau douce dans le lac de Guiers alors qu'elle semble réprimée

dans les populations issues de milieux marins et hypersalées (Baie de Hann, et

les stations du Saloum) (**Fig. 51**). La population échantillonnée en eau saumâtre

présente une expression intermédiaire même si elle n'apparaît pas

significativement différente de l'expression des individus de la baie de Hann.

Globalement toutes les populations échantillonnées en saison des pluies

ont surexprimés la CaM, même si les poissons analysés dans le lac de Guiers

présentent une expression supérieure à celle des autres (Kruskal-Wallis, $p <$

$0,05$) (**Fig. 52**). Seuls les poissons du lac de Guiers conservent le niveau

d'expression enregistré en saison des pluies, toutes les autres populations

montrent une augmentation très significative de leur niveau d'expression.

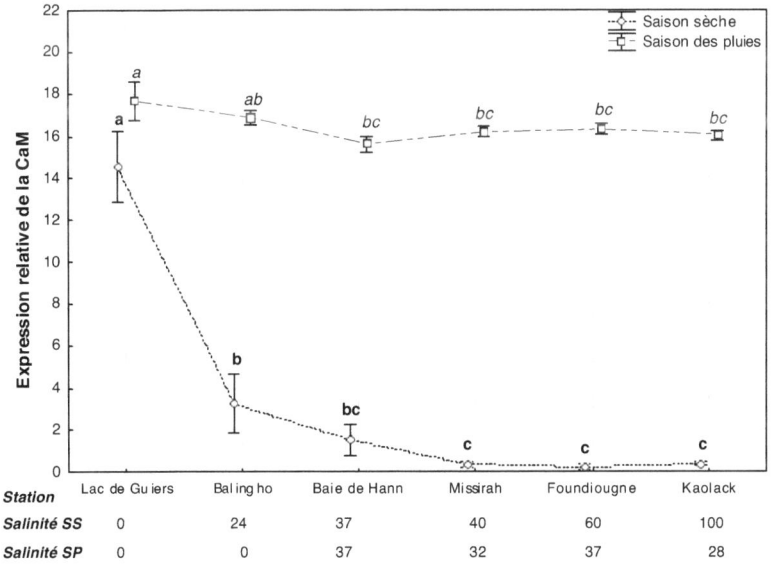

Figure 52: Expression relative de la CaM, mesurée dans les branchies de *S. melanotheron* issus de milieux présentant différentes salinités : 0, 24, 37, 40, 60, et 100 psu (saison sèche : SS) et 0, 0, 37, 32, 37 et 28 psu (saison des pluies : SP), respectivement dans les stations de lac de Guiers, Balingho, Baie de Hann, Missirah, Foundiougne et Kaolack. La quantité des ARNm de la CaM de chaque échantillon a été normalisée par la β-actine. Les données représentent les moyennes ± écart-types (10 individus). Les différentes lettres placées au dessus de chaque barre indiquent des valeurs de moyennes significativement différentes entre stations (Kruskal-Wallis, *p* < 0,05).

V.3.4. Relations entre salinité et expressions relatives de l'AC et de la CaM

L'expression de l'AC est positivement corrélée avec la salinité du milieu aussi bien en saison sèche qu'en saison des pluies. Cependant, cette corrélation est plus forte en saison des pluies ($r^2 = 71,20\%$), période de minimum de salinité dans les estuaires qu'en saison sèche ($r^2 = 49,73\%$) (**Fig. 53A**). En revanche, l'expression de la CaM est négativement corrélée avec la salinité du milieu quelque soit la saison. Cette corrélation étant plus forte en saison sèche ($r^2 = 47,74\%$) qu'en saison des pluies ($r^2 = 40,18\%$) (**Fig. 53B**).

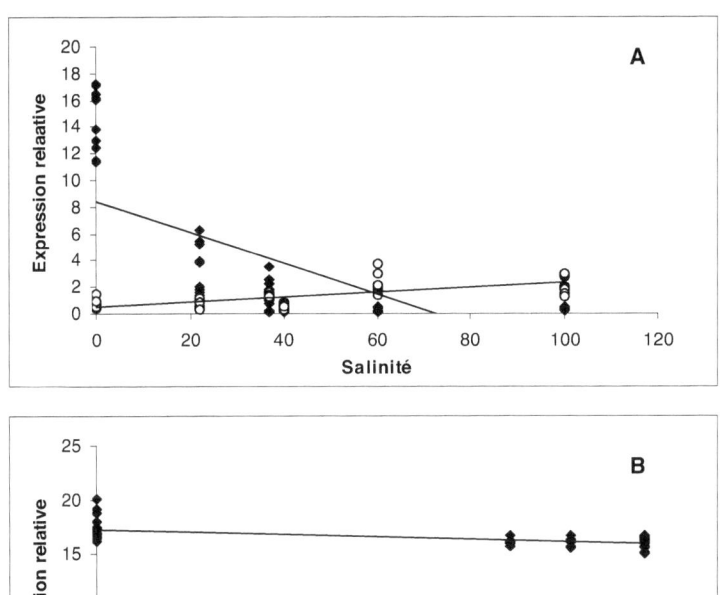

Figure 53: Relations entre les niveaux d'expression de l'AC (rond blanc) et de la CaM (losange noir) dans les branchies de *S. melanotheron* échantillonnés en saison sèche (A) et en saison des pluies (B) et la salinité du milieu. Les données représentent l'expression relative normalisée par la β-actine.

V.3.5. Relations entre l'abondance des transcrits de l'AC et de la CaM

Les expressions de l'AC et la CaM sont négativement corrélées aussi bien en saison sèche qu'en saison des pluies. Même si la corrélation est faible dans les deux, elle reste significative ($P < 0,05$). Cette corrélation est légèrement plus forte en saison des pluies ($r^2 = 18,78\%$; $p = 0,0005$) qu'en saison sèche ($r^2 = 15,70$; $p = 0,001$) (**Fig. 54A, B**).

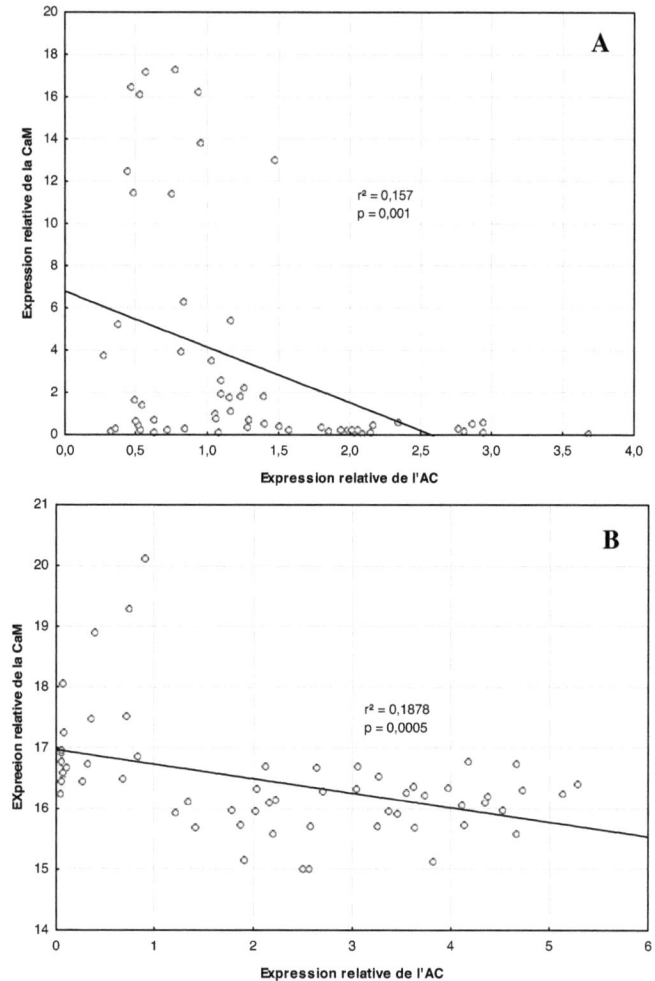

Figure 54: Relations entre les niveaux d'expression de la CaM et de l'AC dans les branchies de *S. melanotheron* échantillonné en saison sèche (A) et en saison des pluies (B). Les données sont représentées en tant expression relative normalisée par la β-actine.

V. 4. Discussion

V.4.1. Rôles et forme de l'anhydrase carbonique

Nos résultats montrent une expression de l'AC plus élevée dans les salinités plus élevées aussi bien en saison sèche qu'en saison des pluies. Ces résultats pourraient traduire une action de l'AC dans la restauration du déséquilibre acide-base résultant de la régulation de l'équilibre hydrominéral. En effet, chez les poissons acclimatés à l'eau hypersalée, les ions Na^+ qui entrent massivement dans la cellule sont excrétés par la pompe Na^+, K^+-ATPase dont l'activation constitue une force d'entrainement permettant l'absorption des ions Cl^-. Ces ions Cl^- sont ensuite excrétés par l'intermédiaire des canaux d'anion CFTR situés dans les cryptes de la membrane apicale (**Fig. 55**). La sécrétion du Cl^- est associée à une absorption des ions bicarbonate (HCO_3^-). Ainsi, ces échanges Cl^-/HCO_3^- génèrent un déséquilibre acide-base, qui se traduit par une augmentation du pH (Claiborne et al., 1994). Un tel phénomène a été démontré chez la truite *Oncorhynchus mykiss* où le transfert de l'eau douce à l'eau de mer est suivi d'une augmentation du pH due à une élévation de la concentration des ions HCO3- (Perry and Heming, 1981). Les ions HCO_3^- en excès sont éliminés afin de rétablir le pH, processus qui implique l'anhydrase carbonique extracellulaire et l'AC liée à la membrane de l'épithélium branchial (Gilmour et al., 2006). Ceux deux formes d'AC catalysent la déshydratation des ions HCO_3^-, qui sont ensuite excrétés sous forme de CO_2 (Gilmour et al., 1997). Ainsi, il y aurait une opposition de deux mécanismes, l'un cherchant à maintenir un équilibre hydrominéral neutre et l'autre chargé de maintenir un pH normal. Cette interaction entre la Na^+, K^+-ATPase et l'AC pour le maintien des équilibres hydrominéral et acide-base a été déjà évoquée chez le tilapia *O. mossambicus* par Kültz et al. (1992), qui ont démontré que leurs activités augmentent considérablement dans les conditions de salinité élevée.

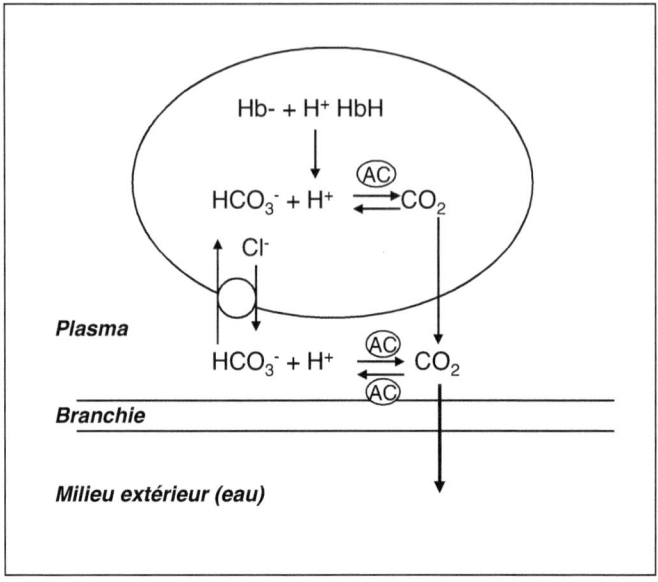

Figure 55: Mode de régulation hydrominérale et acide-base au niveau branchiale en conditions hyperosmotiques

V.4.2. Rôles de la calmoduline

La CaM présente un pattern d'expression inverse à celui de l'AC avec des niveaux d'expression plus élevés dans les conditions de faibles salinités. L'abondance des transcrits de la CaM en eau douce et en eau saumâtre comparativement à l'eau de mer et à l'eau hypersalée, pourrait traduire son implication dans l'acclimatation du tilapia *S. melanotheron* à de faibles salinités. Cette hypothèse est en accord avec l'idée selon laquelle le stress hypoosmotique active une voie calcium/calmoduline déptendante de la membrane plasmique entrainant ainsi une perte d'ions K^+ et d'eau afin de restaurer un volume cellulaire normal. La CaM semble exercer aussi ce rôle indirectement à travers une régulation l'expression des gènes impliqués dans l'acclimatation à la salinité. Il a été démontré que la CaM régule l'expression de la prolactine (PRL) (Davis et al., 1991) et de l'hormone de croissance (GH) (Huo et al., 2005). Or l'analyse de l'expression hypophysaire de la PRL1 réalisée sur les mêmes populations et sur le même spectre de salinité a montré un profil d'expression extrêmement proche de celui de la CaM avec des niveaux plus faibles en eau douce et en eau saumâtre *(Fig. 40B, Chapitre III, Page 92)*. Même si ces résultats ne portent pas sur les mêmes échantillons, cette très grande similarité traduit très probablement l'implication de la CaM dans les processus d'osmorégulation via une régulation de l'expression de la PRL. La CaM pourrait exercer une action antagoniste sur l'expression de la GH, ce qui expliquerait la faible expression de ce gène chez les poissons acclimatés aux faibles salinités *(Chapitre III)*. De la même manière, la CaM pourrait exercer cette action répressive sur l'AC en condition de faible salinité, ce qui expliquerait la faible abondance des transcrits de cette dernière chez les poissons adaptés aux faibles salinités. Cependant, des études ultérieures portant à la fois sur la quantification des ARNm et des protéines circulantes ainsi que l'activité de ces gènes semblent nécessaires pour élucider comment la CaM régule l'expression des ARNm de ces gènes.

La surexpression de la CaM dans toutes les stations en saison des pluies semble être liée à des facteurs autres que la salinité du milieu. Un changement de qualité de l'eau dans nos sites d'échantillonnage pourrait être à l'origine de l'augmentation de l'expression de la CaM en saison des pluies. En effet, en saison des pluies ces milieux reçoivent beaucoup d'apports terrigènes liés aux eaux de ruissèlement. Cet apport de débris qui modifie la clarté de l'eau et limite l'alimentation et la croissance des poissons constitue un stress supplémentaire pouvant être à l'origine de la surexpression de la CaM en saison des pluies. Même si l'influence de la mauvaise qualité de l'eau sur l'expression de la CaM n'a pas encore été démontrée, plusieurs travaux ont montré une induction de ce gène en réponse à divers stress notamment le stress oxydative (Schallreuter *et al.*, 2007) et le stress induit par une hypoxique (Shen et al., 2007). Les poissons analysés ont été pêchés dans des zones potentiellement exposées à l'influence des eaux de ruissèlement puisque prélevé à l'aide d'un épervier depuis les berges. Cette situation rend plus probable l'hypothèse d'une influence de la mauvaise qualité de l'eau sur la surexpression de la CaM en saison des pluies.

En résumé, l'analyse des gènes codant l'AC et la CaM1 chez les populations naturelles du tilapia *S. melanotheron* a montré des profils d'expression inverses. L'AC est plus exprimée en eau hypersalée tandis que la CaM1 présente des niveaux d'expression plus élevés en eau douce et en eau saumâtre. Les fortes expressions de l'AC en eau hypersalée traduiraient une implication dans les régulations acide-base et hydrominérales, deux rôles qui semblent être indissociables. Ces résultats semblent indiquer que la forme d'AC isolée chez *S. melanotheron* est celle relié à la membrane des cellules épithéliales. La CaM1 interviendrait indirectement dans l'acclimatation à la salinité à travers une régulation des gènes impliqués dans l'osmorégulation notamment l'AC, la PRL et la GH. Cependant, des analyses ultérieures sur l'expression de ces gènes aussi bien en ARNm qu'en protéines et sur leur activité permettrait de mieux comprendre les niveaux de régulation de ces gènes au cours de l'acclimatation à la salinité.

Discussion Générale

VI.1. Identification de fonctions physiologiques

La survie des organismes aquatiques implique qu'ils soient en mesure de répondre rapidement et convenablement aux changements soudains des conditions environnementales qui sont fréquents dans les milieux instables comme les estuaires et les lagunes. Ces organismes doivent s'adapter aux caractéristiques de leur habitat en développant des réponses spécifiques à chaque milieu. Les données transcriptomiques obtenues dans cette étude montrent que le tilapia *S. melanotheron* répond aux changements de salinité en modulant l'expression de son génome. La fonction des gènes induits après transfert de *S. melanotheron* de l'eau de mer à l'eau douce ou de l'eau de mer à l'eau hypersalée fournit un indice sur les systèmes physiologiques qui sont sollicités et qui permettent son acclimatation à ces conditions. Les gènes caractérisés dans cette étude sont reliés à un grand nombre de processus biologiques comme la production d'énergie, l'activité cellulaire, la régulation des processus physiologiques, le maintien de l'homéostasie cellulaire, la prolifération et la différentiation cellulaire. L'induction des gènes reliés à ces différentes catégories est à mettre en relation avec les modifications structurales considérables qui s'opèrent au niveau de l'épithélium branchial lors d'un changement de salinité. Ces modifications dont la finalité est la restauration de l'équilibre hydrominéral portent sur l'accroissement et prolifération des cellules à chlorure mais également sur l'appariation et la disparition de microvillosités (Shieh *et al.*, 2003; Carmona *et al.*, 2004). De telles modifications structurales en réponse aux changements la salinité ont été observées chez *Fundulus heteroclitus*, les tilapias *Oreochromis niloticus* et *O. mossambicus*, la daurade *Sparus sarba*, l'anguille japonaise, *Anguilla japonica* et la truite fario *Salmo trutta* (Karnaky et al., 1976; Kelly and Woo, 1999; Wong and Chan, 1999).

VI.2. Différences phénotypiques et profils d'expression

Des études antérieures conduites dans l'estuaire du Saloum ont montré que les poissons situés dans les zones les plus salées de l'estuaire présentaient un ralentissement de la croissance notamment chez *S. melanotheron,* (Panfili et al., 2004a; Panfili et al., 2004b). La population marine de la baie de Hann serait également caractérisée par une plus forte fécondité comparativement aux populations du lac de Guiers et de Kaolack (Guèye, 2006). Ces observations ont été ensuite confirmées en conditions expérimentales par Gueye (2006), qui a observé de meilleurs taux de croissance et une plus forte fécondité des individus élevés en eau de mer comparés à ceux placés en eau douce ou en eau hypersalée. Les taux de croissance obtenus dans cette notre étude, bien que portant sur un nombre d'individus limité (5), semblent indiquer une meilleure croissance dans la population marine de la baie de Hann. Ces résultats sont d'autant plus cohérents que les meilleurs taux de croissance en mer coïncident avec une surexpression de GH. En effet, il a été démontré que l'expression de la GH est plus forte dans les conditions qui seraient optimales pour la croissance des poissons (Deane and Woo, 2006). Ainsi, l'eau de mer semble être plus propice pour l'élevage de *S. melanotheron* même si cette hypothèse mérite d'être confirmée par une expérimentation exclusivement destinée à l'évaluation des performances de croissance de cette espèce en fonction de la salinité.

Les analyses d'expression en milieu naturel ont permis de mettre en évidence des différences entre les six populations analysées, ce qui suggère une régulation de l'expression de certains gènes suivant la salinité du milieu ambiant. L'expression des gènes prise globalement montre des niveaux de transcrits plus élevés dans les environnements moins optimaux pour la croissance et la reproduction. Par exemple les poissons vivant dans la station la plus salée de l'estuaire du Saloum (Kaolack) et au lac de Guiers expriment plus fortement les gènes pris globalement comparativement aux poissons issus des milieux de salinité intermédiaire (Balingho, baie de Hann, Missirah). Des corrélations similaires entre l'expression des gènes impliqués dans l'activité natatoire et le métabolisme énergétique ont été observées chez *Coregonus clupeaformis* (Derome et al., 2006). Si le phénotype des organismes est déterminé par une multitude de facteurs, les différences phénotypiques observées chez *S. melanotheron* semblent être le résultat d'une expression différentielle d'un complexe de gènes impliqués dans l'osmorégulation. Ainsi, nos résultats traduisent la pertinence de l'analyse globale de l'expression des gènes dans l'établissement de liens entre variations génétiques et variation d'un caractère. Ceci est d'autant plus vrai que les profils d'expression des gènes pris individuellement ne permettent pas d'établir une relation évidente entre les niveaux de transcription et les taux de croissance alors que le profil des 11 pris globalement reflète bien les taux de croissance.

VI.3. Réallocation des dépenses énergétiques

L'acclimatation aux salinités extrêmes (ED, EH à 100 psu) aurait un coût énergétique qui expliquerait le ralentissement de la croissance et les faibles fécondités observées dans ces conditions. Ce surcoût énergétique pourrait être lié à une forte activité des transporteurs d'ions et d'eau et probablement dans une moindre mesure aux mécanismes de la transcription. Cette hypothèse est en accord d'une part avec la surexpression des gènes dans les salinités extrêmes et d'autre part avec le profil en 'U' de la NAKA en saison sèche (expression plus élevée dans les salinités extrêmes). Même si l'expression d'un gène ne reflète pas toujours son activité, une augmentation concomitante de l'expression, de l'abondance des protéines et de l'activité de la NAKA a été observée chez *Sparus sarba* (Deane and Woo, 2004). Ainsi, le profil d'expression de la NAKA observé en saison des pluies chez *S. menanotheron* pourrait refléter une activité de la pompe. Les confrontations des données d'expression et des traits de vie semblent indiquer que *S. melanotheron* procède à une réallocation de l'énergie destinée à la croissance et à la reproduction pour restaurer le déséquilibre hydrominéral induit par les salinités extrêmes. Cette hypothèse est en accord avec les conclusions d'études menées en conditions expérimentales (Kidder III et al., 2006) chez *Fundulus heteroclitus* selon lesquelles cette espèce opte plus pour une réallocation de ses réserves énergétiques que pour une augmentation de la production d'énergie. En effet, les dépenses énergétiques pour l'osmorégulation dans les salinités extrêmes pourraient être importantes au point que l'énergie allouée au métabolisme soit supérieure à l'énergie assimilée (**Fig. 56**). Dans une telle situation, le poisson va réallouer l'énergie initialement destinée aux fonctions secondaires comme la croissance et la reproduction au maintien de l'équilibre homéostatique. En revanche, dans les salinités intermédiaires où la demande énergétique pour l'osmorégulation est moindre, le poisson augmente les investissements dans les processus biologiques secondaires. Il existe donc un seuil de salinité au-delà duquel le tilapia *S. melanotheron* est contraint de limiter les investissements dans la croissance et la reproduction pour satisfaire la demande énergétique liée au maintien de l'équilibre hydrominéral. Dans les eaux hypersalées, ce seuil serait compris entre 60 et 70 psu comme l'ont suggéré Panfili et al.(2004b).

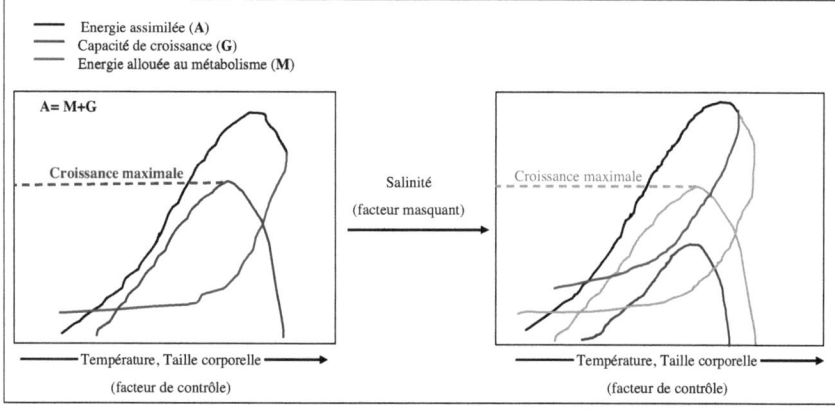

Figure 56 : Relation entre la salinité et la capacité de croissance adaptée de (Yamashita et al. 2001)

VI.4. Composante génétique et variation de l'expression des gènes

VI.4.1. Dérive neutre ou sélection naturelle ?

L'expression des gènes est le résultat des conditions environnementales mais également du génotype des individus. Si les résultats de cette étude indiquent clairement une relation entre le profil d'expression des gènes et la salinité du milieu, la part des différences entre populations et entre individus expliquée part la composante génétique n'est pas bien définie. Toutefois, l'existence d'une variation interindividuelle assez importante dans les populations expérimentales soumises aux mêmes conditions environnementales suggère qu'une partie de cette variation pourrait être héritable. Cette idée est renforcée par la récente démonstration par des études portant sur l'importance de l'expression des gènes dans processus évolutifs, de l'héritabilité d'une grande partie de la variation observée dans les populations naturelles (Oleksiak *et al.*, 2002; Wray *et al.*, 2003; Oleksiak *et al.*, 2005; Whitehead and Crawford, 2006).

Au cas où les variations observées chez *S. melanotheron* seraient héritables, deux forces évolutives permettraient d'expliquer les différences entre populations et entre individus : la dérive neutre et la sélection naturelle. La variation liée à la dérive neutre est sans effet sur la fitness et augmente avec le niveau d'isolement relatif des populations considérées. En revanche la variation liée à la sélection affecte la fitness et serait fonction des conditions écologiques. Même si les différences d'expression entre populations semblent refléter des différences écologiques (salinité), la dérive neutre ne peut pas être exclue pour expliquer ces différences car le niveau d'isolement des populations analysées n'a pas été quantifié.

Le profil d'expression des gènes dans les populations naturelles semble traduire les différences de salinité entre stations, ce qui laisse penser que ces gènes pourraient être sous sélection. La sélection stabilisante, désignée également sous le nom de sélection purificatrice est un type de sélection naturelle qui tend à diminuer la diversité génétique affectant un trait particulier dans une population donnée de manière à stabiliser ce trait. La sélection balancée quant à elle permet de maintenir des polymorphismes génétiques dans une population. Ainsi, selon Nuzhdin et al. (2004) l'expression des gènes sous sélection stabilisante est caractérisée par de faibles variations entre individus tandis que celle des gènes sous sélection balancée est caractérisée par une forte variation entre individus. Oleksiak et al. (2002) analysant l'expression des gènes chez *Fundulus heteroclitus* ont montré après avoir soustrait la variabilité expérimentale qu'une importante variation entre populations, qui serait liée à une action de la sélection naturelle. Whitehead et Crawford (2006) rapportent que 9,7% des gènes impliqués dans le métabolisme analysés chez la même espèce seraient soumis à la sélection balancée tandis que 2,8% semblaient être soumis à une sélection purificatrice. Les faibles variations intrapopulationnnelles observées aux salinités intermédiaires dans notre étude semblent être en accord avec les effets d'une sélection purificatrice. Cependant ces variations peuvent être aussi liées à une forte répression des gènes, liée à une simple activation ou inactivation des régions de régulation. Par ailleurs, certains gènes comme la NADH déshydrogénase ont des variations intrapopulationnnelles supérieurs aux variations interpopulationnelles, ce qui semble être en accord avec les effets d'une sélection balancée. Toutefois, ces conclusions ne sont que des hypothèses qui devront être confirmées par des études ultérieures où les parts de variation liée à l'environnement et aux effets génétiques seront préalablement soustraites. La variation résiduelle ayant une corrélation avec la salinité du milieu dont sont issus les poissons, pourra ensuite éventuellement être interprétée en termes de sélection naturelle.

VI.4.2. Polymorphisme et niveau d'expression

Même si les résultats obtenus dans cette étude ne permettent pas d'affirmer l'existence d'effets sélectifs, les fortes variations interindividuelles semblent indiquer que l'expression des gènes est régulée de manière différente selon les individus, que ce soit en populations naturelles qu'en conditions expérimentales. De telles différences pourraient être liées à une variabilité des régions de régulations de ces gènes. En effet, les gènes possèdent dans leur séquence un ensemble de motifs nécessaires à la régulation de leur transcription, tels que les sites d'initiation et de terminaison de la transcription, les promoteurs et les sites de polyadénylation. L'expression des gènes peut être aussi régulée par le biais de séquences plus ou moins distantes localisées dans les LTR (Long Terminal Repeat) ou dans la région transcrite non traduite. Il s'agit de motifs répétés qui constituent le plus souvent les sites de fixation des protéines régulatrices. L'existence d'une variabilité du nombre de répétitions dans ces motifs pourrait conduire à des différences d'expression globales entre individus ou entre populations, comme cela a été démontré chez le tilapia *O. mossambicus* (Streelman and Kocher, 2002). Ces auteurs ont mis en évidence une corrélation entre l'expression de la PRL1 et un polymorphisme des motifs répétés dans le promoteur de ce gène, les individus ayant le plus grand nombre de répétitions expriment plus fortement la PRL1 comparativement à ceux ayant moins de répétitions. Des études menées chez d'autres espèces de poissons ont permis de mettre en évidence l'existence d'une de corrélation entre la variabilité du nombre de répétitions dans ces motifs de régulation et l'expression des gènes en question (Schulte *et al.*, 1997; Crawford *et al.*, 1999). Ainsi, l'existence d'une telle variabilité pourrait expliquer les différences d'expression entre individus ou entre populations chez *S. melanotheron*. Par conséquent, les gènes qui semblent être de bons candidats pour l'acclimatation de l'espèce à la salinité méritent d'être explorés par l'étude de corrélations entre le polymorphisme des régions de régulation et le niveau d'expression.

Conclusion Générale et Perspectives

VII.1. Conclusion

Le travail de cette thèse a été initié dans le cadre de l'unité de recherche 'RAP' pour répondre à une problématique de réponses adaptatives des poissons aux pressions de l'environnement. Les travaux précédents effectués dans le cadre l'UR ont montré un ralentissement de la croissance et une faible fécondité chez le tilapia *S. melanotheron* en contrainte de faible ou forte salinité. Ces phénotypiques ont été interprétés comme une réponse adaptative aux pressions de l'environnement mais les bases physiologiques et génétiques des réponses n'étaient pas encore connues. Comme cela a été évoqué dans l'introduction, l'objectif principal de cette étude était de déterminer les mécanismes physiologiques et génétiques qui sont associés à l'acclimatation tilapia *S. melanotheron* à la salinité. Cette étude a consisté donc à identifier des gènes candidats et à définir des voies métaboliques impliquées dans les réponses aux changements de salinité.

L'analyse globale de l'expression des gènes semble être cruciale pour déterminer les gènes sollicités et les voies métaboliques mis en jeu pendant l'acclimatation du tilapia *S. melanotheron* à la salinité. Les résultats de ce travail fournissent des indications sur les systèmes physiologiques sollicités par l'espèce lorsqu'elle est soumise à une contrainte en faible ou forte salinité. Les résultats expérimentaux sur les banques SSH indiquent que l'acclimatation à l'ED ou à l'EH induit l'expression des gènes reliés à l'activité cellulaire, des gènes impliqués du métabolisme énergétique, dans la prolifération cellulaire, la régulation homéostatique et dans la régulation d'autres processus physiologiques. Ces différentes catégories fonctionnelles reflètent très probablement les systèmes physiologiques mis en jeu par *S. melanotheron* pour restaurer le déséquilibre hydrominéral induit par les changements de salinité.

Tous ces systèmes sont à mettre en relation avec des modifications structurales qui s'opèrent au niveau de l'épithélium branchial au moment des changements de salinité.

Les analyses d'expression chez les populations naturelles des gènes identifiés à partir de leur rôle dans l'osmorégulation en conditions expérimentales ont confirmé le rôle de la PRL dans l'acclimatation aux faibles salinités. Ainsi la PRL semble être un bon candidat qui mérite d'être explorée pour l'étude des relations entre polymorphisme des régions de régulation et niveaux d'expression. S'agissant de la GH, c'est surtout son rôle dans la croissance qui a été mis en évidence par nos résultats à travers une coïncidence d'une surexpression de GH et d'un meilleur taux de croissance en eau de mer. Les analyses d'expression des 11 gènes issus des banques SSH dans populations naturelles indiquent que la CaM et GST seraient caractéristiques de l'ED tandis que HSP70, AC et Cyt.C semblent être des gènes de l'acclimatation à l'EH (*cf.* *chapitre II*). Les autres gènes restants semblent être caractéristiques à l'ED et à l'EH avec des effets plus ou moins importants suivant les conditions. L'acclimatation à l'eau douce et à l'eau hypersalée à 100 psu nécessite une forte expression de ces gènes comparativement à l'acclimatation aux salinités intermédiaires

Les analyses d'expression des cinq gènes sur les deux saisons montrent des relations profils d'expression/salinité plus claires en saison sèche qu'en saison des pluies. Deux phénomènes peuvent contribuer à expliquer ces différences. Premièrement, les analyses en saison sèche ont été effectuées sur des poissons complètement acclimatés à leur milieu car étant échantillonnés en fin de saison sèche au moment où la salinité dans les estuaires peut être considérée comme stable. Ainsi, le profil d'expression des gènes chez ces poissons reflète essentiellement les différences de salinité entre station. En revanche, les poissons analysés en saison des pluies sont constamment soumis à des chocs osmotiques à chaque précipitation. Ainsi, dans la mesure où les précipitations sont le plus souvent sectorielles dans ces zones, il est probable qu'elles affectent différemment les poissons. Les gènes impliqués dans les réponses aux changements de salinité seront différemment sollicités suivant qu'il a plu la veille ou pas, ce qui pourrait provoquer une altération de leur profil d'expression. Le deuxième phénomène qui pourrait expliquer l'altération du profil d'expression des gènes en saison sèche est la diminution des écarts de salinité entre stations sous l'effet des précipitations. Il semblerait que les écarts de salinité entre stations doivent être assez grands pour induire des différences de l'expression des gènes.

Les paramètres de croissance et de reproduction mesurés dans cette étude et dans des études précédentes montrent que la contrainte faible ou forte salinité a une incidence sur la condition, la croissance et la reproduction du tilapia *S. melanotheron*. Les différences phénotypiques liées à la salinité chez cette espèce sont à mettre en relation avec celles des analyses d'expression où nous avons pu mettre en évidence une forte expression des gènes dans les conditions de salinités extrêmes (ED et EH à 100 psu). La combinaison de ces données indique que le tilapia *S. melanotheron* va limiter sa croissance et sa reproduction dans les salinités extrêmes et augmenter la synthèse et l'activité des protéines impliquées dans la réponse à ces contraintes. Ceci est confirmé par l'existence d'un profil en 'U' de la NAKA et de la VDAC avec des niveaux d'expression plus forts au lac de Guiers et à Kaolack comparativement aux autres stations caractérisées par des salinités intermédiaires. En effet, les poissons vivant dans les salinités extrêmes vont dépenser beaucoup d'énergie dans la synthèse de nouvelles protéines et dans les mécanismes de transport d'ions et d'eau très gourmands en ATP. De ce fait, ils vont réallouer l'énergie initialement destinée à la croissance et à la reproduction à l'osmorégulation.

Les analyses d'expression ont montré des différences entre populations et entre individus aussi bien en conditions expérimentales qu'en milieu naturel, suggérant des différences physiologiques entre individus. Ces dernières pourraient être dues à une simple plasticité des individus mais elles peuvent être liées aussi à des différences génétiques. Les parts de variation de l'expression des gènes liées à l'environnement et aux effets génétiques devront être déterminées par une combinaison d'études d'héritabilité, d'expression et des paramètres de croissance par une approche de génétique quantitative.

VII.2. Perspectives

Les perspectives à donner à cette étude sont doubles et portent sur des aspects plus évolutifs. Elles devront consister d'une part à une recherche de polymorphisme dans les régions de régulation des gènes qui semblent être de bons candidats dans l'acclimatation de S. *melanotheron* à la salinité. Au cas où ce polymorphisme existe, il fera l'objet d'analyses de génétique des populations qui consisteront d'abord à estimer les fréquences des allèles et des génotypes identifiés. Les écarts par rapport l'équilibre d'Hardy-Weinberg seront ensuite estimés et les déséquilibre en hétérozygotes quantifiés afin de détecter d'éventuels effets sélectifs. En effet, la loi de Hardy-Weinberg concerne les caractères neutres et lorsque les génotypes sont soumis à une sélection, les fréquences alléliques peuvent varier d'une génération à l'autre. La différentiation des populations sera quantifiée à l'aide de l'indice de fixation de type F_{ST} afin d'identifier des groupes qui correspondraient à ceux définis par les analyses d'expression. L'existence d'une éventuelle corrélation entre ces groupes pourrait permettre de mieux comprendre des bases génétiques des différences phénotypiques observées chez le tilapia S. *melanotheron*.

D'autre part, la part de la variation génétique dans les différences d'expression entre populations et entre individus devrait être évaluée par des expérimentations en conditions contrôlées au laboratoire. Ces expériences qui consisteront en des élevages dans un milieu unique permettront d'éviter une influence de l'environnement sur l'expression des gènes. Les poissons à analyser doivent être préalablement acclimatés aux conditions de laboratoire pendant une durée d'au moins de trois mois enfin d'éviter d'éventuels effets d'une différence physiologique liée aux conditions environnementales de l'habitat originel. En condition expérimentales, la mesure simultanée de l'apparentement des individus et des niveaux d'expression des gènes ainsi que de leurs performances de croissance permettra, par les méthodes classiques de la génétique quantitative, d'estimer l'héritabilité de chaque caractère. L'ensemble de ces analyses permettront de déterminer si les différences d'expression des gènes entre populations et entre individus chez *S. melanotheron* sont liées à l'environnement, la dérive ou à la sélection naturelle. L'objectif final de tous ces travaux étant d'une part de mieux comprendre les mécanismes génétiques et physiologiques permettant à l'espèce de s'adapter à une gamme de salinité aussi large et, d'autre part de déterminer les bases génétiques des phénotypiques.

Références Bibliographiques

Ágústsson, T., Sundell, K., Sakamoto, T., Ando, M., and Björnsson, B.T. (2003). Pituitary gene expression of somatolactin, prolactin, and growth hormone during Atlantic salmon parr-smolt transformation. Aquaculture 222, 229-238.

Ágústsson, T., Sundell, K., Sakamoto, T., Johansson, V., Ando, M., and Björnsson, B.T. (2001). Growth hormone endocrinology of Atlantic salmon (*Salmo salar*): pituitary gene expression, hormone storage, secretion and plasma levels during parr-smolt transformation. Journal of Endocrinology 170, 227-234.

Albaret, J.-J., Simier, M., Darboe, F.S., Ecoutin, J.-M., Rafray, J., and de Morais, L.T. (2004). Fish diversity and distribution in the Gambia Estuary, West Africa, in relation to environmental variables. Aquatic Living Resourses 17, 35-46.

Allegrucci, G., Fortunato, C., Cataudella, S., and Sbordoni, V. (1994). Acclimation to freshwater of the sea bass: Evidences of selective mortality of allozymes genotypes. Genetics and Evolution of Aquatic Organisms. A. R. Beaumont. London, Chapman & Hall: 486-502.

Arends, R.J., Mancera, J.M., Munoz, J.L., Wendelaar Bonga, S.E., and Flik, G. (1999). The stress response of the gilthead sea bream (*Sparus aurata L.*) to air exposure and confinement. Journal of Endocrinology 163, 149-157.

Arnott, S., Keller, B., Dillon, P.J., Yan, N., Paterson, M., and Findlay, D. (2003). Using temporal coherence to determine the response to climate change in boreal shield lakes. Environmental Monitoring and Assessment 88, 365–388.

Auperin, B., Rentier-Delrue, F., Martial, J.A., and Prunet, P. (1994). Evidence that two tilapia (*Oreochromis niloticus*) prolactins have different different osmoregulatory functions during adaptation to a hyperosmotic environment. General and Comparative Endocrinology 12, 13–24.

Ayson, F.G., Kaneko, T., Tagawa, M., Hasegawa, S., Grau, E.G., Nishioka, R.S., King, D.S., Bern, H.A., and Hirano, T. (1993). Effects of acclimation to hypertonic environment on plasma and pituitary levels of two prolactins and growth hormone in two species of tilapia, *Oreochromis mossambicus* and *Oreochromis niloticus*. General and Comparative Endocrinology 89, 138–148.

Bartels, H., and Potter, I.C. (2004). Cellular composition and ultrastructure of the gill epithelium of larval and adult lampreys: Implications for osmoregulation in fresh and seawater. Journal of Experimental Biology 207, 3447-3462.

Bisbal, G.A., and Specker, J.L. (1991). Cortisol stimulates hypo-osmoregulatory ability in Atlantic salmon, Salmo salar L. Journal of Fish Biology 39, 421-432.

Björnsson, B.T. (1997). The biology of salmon growth hormone: from daylight to dominance. Fish Physiol. and Bioch. 17, 9-24.

Blaber, S.J.M., Brewer, D.T., Salini, J.P., and Kerr, J. (1990). Biomass, catch rates and abundances of demersal fishes, particularly predators of prawns, in a tropical bay in the Gulf of Carpentaria. Australia Marine Biology 107, 397-408.

Boeuf, G. (1993). Salmonid smolting: a pre-adaptation to the oceanic environment. In Fish Ecophysiology. pp. 105–135. Edited by J.C. Rankin and F.B. Jensen. Chapman and Hall, London.

Boeuf, G., and Payan, P. (2001). How should salinity influence fish growth. Comparative Biochemistry and Physiology Part C 130, 411-423.

Bonga, S.E.W. (1997). The Stress Response in Fish. Physiological reviews 77, 159-625.

Borski, R.J., Helms, L.M.H., Harold Richman III, N., and Grau, E.G. (1991). Cortisol rapidly reduces prolactin release and cAMP and 45Ca2+ accumulation in the cichlid fish pituitary in vitr. Proceedings of the National Academy of Sciences USA 88, 2758-2762.

Borski, R.J., Yoshikawa, J.S.M., Madsen, S.S., and al., e. (1994). Effects of environmental salinity on pituitary growth hormone content and cell activity in the euryhaline tilapia, Oreochromis mossambicus. General and Comparative Endocrinology 95, 483-494.

Bousso, T. (1996). La pêche artisanale dans l'estuaire du Sine-Saloum (Sénégal). Approches typologiques des systèmes d'exploitation. Thèse de Doctorat, Université Montpellier II. 293 p.

Boutet, I., Long Ky, C.L., and Bonhomme, F. (2006). A transcriptomic approach of salinity response in the euryhaline teleost, Dicentrarchus labrax. Gene 379, 40–50.

Brinda, S., and Bragadeeswaran, S. (2005). Influence of physico-chemical properties on the abundance of a few economically important juvenile fin-fishes of Vellar estuary. Journal of Environmental Biology 26, 09-12.

Brown, P. (1992). Gill chloride cell surface-area is greater in freshwater-adapted adult sea trout (Salmo trutta, L.) than those adapted to sea water. Journal of Fish Biology 40, 481.

Bustin, S.A. (2002). Quantification of mRNA using real-time reverse transcription PCR (RT-PCR): Trends and problems. Journal of Molecular Endocrinology 29, 23–39.

Caelers, A., Berishvili, G., Meli, M.L., Eppler, E., and M., R. (2004). Establishment of a real-time RT-PCR for the determination of absolute amounts of IGF-I and IGF-II gene expression in liver and extrahepatic sites of the tilapia. General. and Comparative Endocrinology 137, 196-204.

Campbell, D., Mahatane, A., and Aleem, S.O. (1986). Mass synchronized spawning of Tilapia guineensis. ARAC Working Paper No1 ARAC/WP 1/86 African Regional Aquaculture Centre, Port Harcourt, Nigeria.

Carmona, R., García Gallego, M., Sanz, A., Domezaín, A., and Ostos Garrido, M.V. (2004). Chloride cells and pavement cells in gill epithelia of Acipenser naccarii: ultrastructural modifications in seawater acclimated specimens. Journal of Fish Biology 64, -553.

Chabot, D., and Dutil, J.-D. (1999). Reduced growth of Atlantic cod in non-lethal hypoxic conditions. Journal of Fish Biology 55, 472–491.

Chrousos, G.P., and Gold, P.W. (1992). The concepts of stress and stress system disorders. Overview of physiological and behavioural homeostasis. J. Am. Med. Assoc. : . 267, 1244-1252.

Cioni, C., De Merich, D., Cataldi, E., and Cataudella, S. (1991). Fine structure of chloride cells in freshwater- and seawater-adapted Oreochromis niloticus (Linnaeus) and Oreochromis mossambicus (Peters). Journal of Fish Biology 39, 197-209.

Claiborne, J., Walton, J., and Compton-Mccullough, D. (1994). Acid-base regulation, branchial trnasfers and real output in a marine teleost fish (The Longhorned sculpin Myoxocephalus octodecimspinosus) during exposure to low salinity. Joural of experimental Biology 193, 79-95.

Conesa, A., Gotz, S., Garcia-Gomez, J.M., Terol, J., Talon, M., and Robles, M. (2005). Blast2GO: a universal tool for annotation, visualization and analysis in functional genomics research. Bioinformatics (Oxford, England) 21, 3674-3676.

Cossins, A., Fraser, J., Hughes, M., and Gracey, A. (2006). Post-genomic approaches to understanding the mechanisms of environmentally induced phenotypic plasticity. Journal Experimental Biology 209, 2328-2336.

Crawford, D.L., Sega, J.A., and Barnett, J.L. (1999). Evolutionary Analysis of TATA-less Proximal Promoter Function. Molecular Biology and Evolution 16, 194-207.

D'Cotta, H., Valotaire, C., Le Gac, F., and Prunet, P. (2000). Synthesis of gill Na+-K+-ATPase in Atlantic salmon smolts: differences in a-mRNA and a-protein levels. American Journal of Physiology-Regulatory, Integrative and Comparative Physiology 278, 101–110.

Davis, J.R., Hoggard, N., Wilson, E.M., Vidal, M.E., and Sheppard, M.C. (1991). Calcium/calmodulin regulation of the rat prolactin gene is conferred by the proximal enhancer region. Molecular Endocrinology 5, 8-12.

Deane, E.E., Kelly, S.P., Luk, J.C.Y., and Woo, N.Y.S. (2002). Chronic Salinity Adaptation Modulates Hepatic Heat Shock Protein and Insulin-like Growth Factor I Expression in Black Sea Bream. Marine Biotechnology 4, 193-205.

Deane, E.E., Kelly, S.P., and Woo, N.Y.S. (1999). Hormonal modulation of branchial NA+-K+-ATPase subunit mRNA in a marine teleost *Sparus sarba*. Life Sc. 64, 1819-1829.

Deane, E.E., and Woo, N.Y.S. (2004). Differential gene expression associated with euryhalinity in sea bream (*Sparus sarba*). American Journal of Physiology-Regulatory, Integrative and Comparative Physiology 287, 1054-1063.

Deane, E.E., and Woo, N.Y.S. (2005a). Upregulation of the somatotropic axis is correlated with increased G6PDH expression in black sea bream adapted to isoosmotic salinity. Annual New York Academy of Sciences 1040, 293–296.

Deane, E.E., and Woo, N.Y.S. (2005b). Upregulation of the somatotropic axis is correlated with increased G6PDH expression in black sea bream adapted to isoosmotic salinity. Ann. N. Y. Acad. Sci. 1040, 293–296.

Deane, E.E., and Woo, N.Y.S. (2006). Molecular cloning of growth hormone from silver sea bream: Effects of abiotic and biotic stress on transcriptional and translational expression. Bioch. and Bioph. Research Com. 342, 1077–1082.

Dennis, T.E., and Bulger, A.J. (1995). Blacknose dace (Rhinichthys atratulus) condition factor and whole-body sodium as indicators of acidification stress in Shenandoah National Park (U.S.A.) fish populations', . Water, Air, and Soil Pollution 85, 377–382.

Derome, N., Duchesne, P., and Bernatchez, L. (2005). Parallelism in gene transcription among sympatric lake whitefish (*Coregonus clupeaformis Mitchill*) ecotypes. Molecular Ecology 15, 1239–1249.

Derome, N., Duchesne, P., and Bernatchez, L. (2006). Parallelism in gene transcription among sympatric lake whitefish (*Coregonus clupeaformis Mitchill*) ecotypes. Mol. Ecol. 15, 1239–1249.

Diatchenko, L., Lau, Y.F., Campbell, A.P., Chenchik, A., Moqadam, F., Huang, B., Lukyanov, S., Lukyanov, K., Gurskaya, N., Sverdlov, E.D., and Siebert, P.D. (1996). Suppression subtractive hybridization: a method for generating differentially regulated or tissue-specific cDNA probes and libraries. Proceedings of the National Academy of Sciences 93, 6025-6030.

Diouf, K. (2006). Influences de la salinité sur les deplaçements d'un poissons ubiquiste, Sarotherodon melanotheron (Teleosteen, Cichlidae), dans les estuaires ouest-Africains. Thèse de doctorat, Universite Montpellier II, 137 p.

Diouf, P.S. (1996). Les peuplements de poissons des milieux estuariens de l'Afrique de l'Ouest : l'exemple de l'estuaire hypersalin du Sine Saloum. Thèse de doctorat, Universite Montpellier II, 267 p.

Dorr, J.A.I., P. Schneeberger, H. T. Tin & L. E. Flath. (1985). Studies on adult, juvenile and larval fishes of the Gambia River, West Africa (1983-1985). International Programs Report No. 11. The University of Michigan, Ann Arbor, Michigan, 292 p.

Durand, J.-D., Tine, M., Panfili, J., Thiaw, O.T., and Lae, R. (2005). Impact of glaciations and geographic distance on the genetic structure of a tropical estuarine fish, *Ethmalosa fimbriata* (Clupeidae, S. Bowdich, 1825). Molecular Phylogenetics and Evolution 36, 277–287.

Dussart, J. (1963). Contribution B l'étude de l'adaptation des Tilapias (Pisces Cichlidae), à la vie en milieu mal oxygéné. Hydrobiologia 21, 328-341.

Eckert, S.M., Yada, T., Shepherd, B.S., Stetson, M.H., Hirano, T., and Grau, E.G. (2001). Hormonal Control of Osmoregulation in the Channel Catfish *Ictalurus punctatus*. General. and Comparative Endocrinology 122, 270–286.

Evans, D.H., Piermarin, P.M., and Potts, W.T.W. (1999). Ionic Transport in the Fish Gill Epithelium. Journal of Experimental Zoology 283, 641–652.

Evans, D.H., Piermarini, P.M., and Choe, K.P. (2005). The Multifunctional Fish Gill: Dominant Site of Gas Exchange, Osmoregulation, Acid-Base Regulation, and Excretion of Nitrogenous Waste. Physiological Reviews. 85, 97–177.

Falk, T.M., Teugels, G.G., Abban, E.K., Villwock, W., and Renwrantz, L. (2003). Phylogeographic patterns in populations of the black-chinned tilapia complex (Teleostei, Cichlidae) from coastal areas in West Africa: support fort the refuge zone theory. Molecular Phylogenetics and Evolution. 27, 81-92.

Febry, R., and Lutz, P. (1987). Energy partitioning in fish: the activity-related cost of osmoregulation in a euryhaline cichlid. Journal Experimental Biology 128, 63-85.

Feder, M.E., Bennett, A.F., and Huey, R.B. (2000). Evolutionary physiology. Annual Review of Ecology and Systematics 31, 315-341.

Fee, E.J., Hecky, R.E., Kasian, S.E.M., and Cruikshank, D.R. (1996). Effects of lake size, water clarity, and climatic variability on mixing depths in Canadian Shield lakes. Limnology and Oceanography 41, 912-920.

Feng, S.H., Leu, J.H., Yang, C.H., Fang, M.J., Huang, C.J., and Hwang, P.P. (2002). Gene expression of Na+-K+-ATPase α1 and α3 subunits in gills of the teleost *Oreochromis mossambicus*, adapted to different environmental salinities. Marine Biotechnology 4, 379-391.

Finucane, J.H., and Rinckey, G.R. (1964). A study of the African cichlid, /Tilapia heudeloti/ Drumeril, in Tampa Bay, Florida. Proceedings of the Annual Conference of the Southeastern Association of Game and Fish Commissioners. 18, 259-269.

Fiol, D.F., and Kultz, D. (2005). Rapid hyperosmotic coinduction of two tilapia (*Oreochromis mossambicus*) transcription factors in gill cells. PNAS 102, 927–932.

Flik, G., Atsma, W., Fenwick, J.C., Rentier-Delrue, F., Smal, J., and Wendelaar Bonga, S.E. (1993). Homologous recombinant growth hormone and calcium metabolism in the tilapia, Oreochromis mossambicus, adapted to fresh water. J. exp. Biol. 185, 107-119.

Foskett, J.K., Logsdon, C.D., Turner, T., Machen, T.E., and Bern, H.A. (1981). Differentiation of the Chloride Extrusion Mechanism During Seawater Adaptation of a Teleost Fish, The Cichlid *Sarotherodon Mossambicus*. Journal of Experimental Biology 93, 209-224.

Foskett, J.K., and Scheffey, C. (1982). The chloride cell: definitive identification as the salt-secretory cell in teleosts. Science 215, 164-166.

Garland, J., and Carte, P.A. (1994). Evolutionary physiology. Annual Review Physiology 56, :579-621.

Gibson, G. (2003). Population genomics: celebrating individual expression. Heredity 90, 1–5.

Gilles, S. (2005). Le tilapia marin (euryhalin) sénégalais Sarotherodon melanotheron heudeloti. Cyanobactéries des milieux aquatiques tropicaux peu profonds, Dakar. http://www.com.univ-mrs.fr/IRD/cyroco/pdf/tilapia.pdf.

Gilmour, K., Henry, R., Wood, C., and Perry, S. (1997). Extracellular carbonic anhydrase and an acid-base disequilibrium in the blood of the dogfish Squalus acanthias. Journal of Experimental Biology, Vol , Issue 200, 1173-1183.

Gilmour, K.M., Bayaa, M., Kenney, L., McNeill, B., and Perry, S.F. (2006). Type IV carbonic anhydrase is present in the gills of spiny dogfish (*Squalus acanthias*). Am J Physiol Regul Integr Comp Physiol: 292, 556-567.

Gning, N. (2004). Etude du régime alimentaire des juvéniles de quelques espèces de poissons dans les estuaires du Sine-Saloum et de la Gambie. Mémoire de DEA, Université Cheikh Anta Diop de Dakar, 96 p.

Gracey, A.Y. (2007). Interpreting physiological responses to environmental change through gene expression profiling. Journal of Experimental Biology 209, 1584-1592.

Gracey, A.Y., Troll, J.V., and Somero, G.N. (2001). Hypoxia-induced gene expression profiling in the euryoxic fish Gillichthys mirabilis. Proc. Natl. . Acad. Sci. USA 98, 1993-1998.

Grau, E.G., Richmann, N.H.I., and Borski, R.J. (1994). Osmoreception and a simple endocrine reflex of the prolactin cell of the tilapia *Oreochromis mossambicus*. In Perspectives in Comp. Endocrinol., 251–256. Eds KG Davey, RE Peter & SS Tobe. Ottawa:National Research Council of Canada.

Guèye, M. (2006). Stratégie de la reproduction du tilapia estuarien, *Sarotherodon melanotheron heudelotii* (Duméril, 1859) en milieux naturels, approche expérimentale du rôle de la salinité sur la fonction de reproduction. Thèse de troisième cycle,Université Cheikh Anta Diop, 182 p.

Handeland, S.O., and Stefansson, S.O. (2001). Photoperiod control and influence of body size on of-season parr-smolt transformation and post-smolt growth. Aquaculture 192, 291-307.

Henry, R.P. (2001). Environmentally mediated carbonic anhydrase induction in the gills of euryhaline crustaceans. Journal Experimental Biology 204, 991-1002.

Hirano, T., and Mayer-Gostan, N. (1976). Eel esophagus as an osmoregulatory organ. Proc. Nat. Acad. Sci. USA. 73, 1348-1350.

Hiroi, J., and McCormick, S.D. (2007). Variation in salinity tolerance, gill Na+/K+-ATPase, Na+/K+/2Cl– cotransporter and mitochondria-rich cell distribution in three salmonids *Salvelinus namaycush*, *Salvelinus fontinalis* and *Salmo salar*. Journal of Experimental Biology 210,, 1015-1024.

Hiroi, J., McCormick, S.D., Ohtani-Kaneko, R., and Kaneko, T. (2005a). Functional classification of mitochondrion-rich cells in euryhaline Mozambique tilapia (*Oreochromis mossambicus*) embryos, by means of triple immunofluorescence staining for Na+/K+-ATPase, Na+/K+/2Cl– cotransporter and CFTR anion channel. Journal of Experimental Biology 208, 2023-2036.

Hiroi, J., Miyazaki, H., Katoh, F., Ohtani-Kaneko, R., and Kaneko, T. (2005b). Chloride turnover and ion-transporting activities of yolk-sac preparations (yolk balls) separated from Mozambique tilapia embryos and incubated in freshwater and seawater. Journal of Experimental Biology 208, 3851-3858.

Hootman, S.R., and Philpott, C.W. (1979). Ultracytochemical localization of Na+,K+-activated ATPase in chloride cells from the gills of a euryhaline teleost. Anat. Rec 193, 99-130.

Huo, L., Fu, G., Wang, X., Ko, W.K., and Wong, A.O. (2005). Modulation of calmodulin gene expression as a novel mechanism for growth hormone feedback control by insulin-like growth factor in grass carp pituitary cells. Endocrinology 146, 3821-3835.

Igarashi-Saito, K., Tsutsui, H., Yamamoto, S., Takahashi, M., Kinugawa, S., Tagawa H., Usui, M., Yamamoto, M., Egashira K., and A., T. (1998). Role of SR Ca2+-ATPase in contractile dysfunction of myocytes in tachycardia-induced heart failure. American Journal of Physiology 275, 31-40.

Imsland, A.K., Foss, A., Gunnarsson, S., Berntssen, M.H.G., FitzGerald, R., Bonga, S.W., Ham, E.v., Nævdal, G., and Stefansson, S.O. (2001). The interaction of temperature and salinity on growth and food conversion in juvenile turbot *Scophthalmus maximus*. Aquaculture 198, 353–367.

Imsland, A.K., Gunnarsson, S., Foss, A., and Stefansson, S.O. (2003). Gill Na+, K+-ATPase activity, plasma chloride and osmolality in juvenile turbot (*Scophthalmus maximus*) reared at different temperatures and salinities. Aquaculture 218, 671-683.

Jennings, D.P. (1991). Behavioral aspects of cold tolerance of blackchin tilapia, Sarotherodon melanotheron (Pisces, Cichlidae) at different salinities. Environmental Biology of Fishes 31, 185-195.

Jensen, M.K., Madsen, S.S., and Kristiansen, K. (1998). Osmoregulation and salinity effects on the expression and activity of Na+,K(+)-ATPase in the gills of European sea bass, *Dicentrarchus labrax* (L.). Journal of Experimental Zoology 282, 290-300.

Kadenbach, B. (2003). Intrinsic and extrinsic uncoupling of oxidative phosphorylation. Biochimica et Biophysica Acta 77-94, 1604.

Karnaky, K.J., Kinter, J.L.B., Kinter, W.B., and Stirling, C.E. (1976). Teleost chloride cell II. Autoradiographic Localization of Gill Na,K-ATPase in Killifish Fundulus heteroclitus. Adapted to Low and High Salinity Environments. Journal of Cell Biology 70, 157-177.

Katoh, F., Hasegawa, S., Kita, J., Takagi, Y., and Kaneko, T. (2001). Distinct seawater and freshwater types of chloride cells in killifish, *Fundulus heteroclitus*. Canadian Journal of Zoology 79, 822-829.

Katoh, F., and Kaneko, T. (2003). Short-term transformation and long-term replacement of branchial chloride cells in killifish transferred from seawater to freshwater, revealed by morphofunctional observations and a newly established 'time-differential double fluorescent staining' technique. Journal of Experimental Biology 206, 4113-4412.

Kelly, S.P., Chow, I.N.K., and Woo, N.Y.S. (1999). Effects of Prolactin and Growth Hormone on Strategies of Hypoosmotic Adaptation in a Marine Teleost, *Sparus sarba*. General and Comparative Endocrinology 113, 9–22.

Kelly, S.P., and Woo, N.Y.S. (1999). The response of sea bream following abrupt hyposmotic exposure. Journal of Fish Biology 57, 732-750.

Kidder III, G.W., Petersen, C.W., and Preston, R.L. (2006). Energetics of Osmoregulation: II. Water Flux and Osmoregulatory Work in the Euryhaline Fish, Fundulus heteroclitus. Journal of Experimental Zoology 305A, 318–327.

Kobayashi, H., Takei, Y., Itatsu, N., Ozawa, M., and Ichinohe, K. (1983). Drinking induced by angiotensin II in Fish. General and Comparative Endocrinology 49, 295-306.

Koné, T., and Teugels, G.G. (1999). Reproduction of an estuarine tilapia (*Sarotherodon melanotheron* Rüppell, 1852) landlocked in a West-African man-made Lake. Aquat. Living Resour. 12, 289-293.

Kültz, D. (2001). Cellular osmoregulation: beyond ion transport and cell volume. Zoology (Jena) 104, 198-208.

Kültz, D., Bastrop, R., Jürss, K., and Siebers, D. (1992). Mitochondria-rich (MR) cells and the activities of Na+/K+-ATPase and carbonic anhydrase in the gill and opercular epithellium of Oreochromis mossambicus adapted to various salinities. Comparative Biochemistry Physiology part. B 102, 293–301.

Kültz, D., and Jürss, K. (1993). Biochemical characterization of isolated branchial mitochondria-rich cells of *Oreochromis mossambicus* acclimated to fresh water or hyperhaline sea water. Journal of Comparative Physiology Part B 163, 406-412.

Kültz, D., Jürss, K., and Jonas, L. (1995). Cellular and epithelial adjustments to altered salinity in the gill and opercular epithelium of a cichlid fish (*Oreochromis mossambicus*). Cell and Tissue Research 279, 65-73.

Kultz, D., and Somero, G.N. (1995). Ion transport in gills of the euryhaline fish Gillichthys mirabilis is facilitated by a phosphocreatine circuit. Am J Physiol Regul Integr Comp Physiol 268, 1003-1012.

Laë, R., Fagianelli, D.J., and Fagianelli, E. (1984). La pêche artisanale individuelle sur le système lagunaire togolais : description des pêcheries et estimation de la production au cours d'un cycle
annuel 1983-1984. Documents ORSTOM, série Hydrobiologie,Lomé, Togo.

Laiz-Carrión, R., Guerreiro, P.M., Fuentes, J., Canario, A.V.M., Martín Del Río, M.P., and Mancera, J.M. (2005). Branchial Osmoregulatory Response to Salinity in the Gilthead Sea Bream, *Sparus auratus*. Journal Experimental Zoology 303A, 563–576.

Lamagat, J.P., Albergel, J., Bouchez, J.M., and Descroix, L. (1990). Monographie hydrologique du fleuve Gambie. ORSTOM; Organisation pour la Mise en Valeur du fleuve Gambie (OMVG),Dakar, Sénégal.

Lee, T.H., Hwang, P.P., Shieh, Y.E., and Lin, C.H. (2000). The relationship between 'deep-hole' mitochondria-rich cells and salinity adaptation in the euryhaline teleost, *Oreochromis mossambicus*. Fish Physiology and Biochemistry 23, 133-140.

Legendre, M., and Ecoutin, J.M. (1989). Suitability of brackish water tilapia species from the Ivory Coast for lagoon aquaculture. Aquatic Living Resources 2, 71-79.

Legendre, M., Hem, H., and Cisse, A. (1989). Suitability of brackish water tilapia species from the Ivory Coast for lagoon aquaculture. II - Growth and rearing methods. Aquat. Living Resour. 2, 81-89.

Lemarié, G., Baroiller, J.F., Clota, F., Lazard J., and A., D. (2004). A simple test to estimate the salinity resistance of fish with specific application to *O. niloticus and S. melanotheron*. Aquaculture 240, 575-587.

Lin, H., and Randall, D. (1995). Proton jumps in fish gills. In: "Fish Physiology" (C. M. Wood and T. J. Shuttleworth, Eds.), Vol. XIV, pp. 229-255.

Lin, Y.M., Chen, C.N., and Lee, T.H. (2003). The expression of gill Na, K-ATPase in milkfish, Chanos chanos, acclimated to seawater, brackish water and fresh water. Comparative Biochemistry and Physiology Part A 135, 489-497.

Livak, K.J., and Schmittgen, T.D. (2001). Analysis of relative gene expression data using real-time quantitative PCR and the 2-AACT method. Methods 25, 402- 408.

Lushchak, V.I., Bagnyukova, T.V., Husak, V.V., Luzhna, L.I., Lushchak, O.V., and Storey, K.B. (2005). Hyperoxia results in transient oxidative stress and an adaptive response by antioxidant enzymes in goldfish tissues. International Journal of Biochemistry and Cell Biology 37, 1670-1680.

Madsen, S.S., and Bern, H.A. (1993). In-vitro effects of insulin-like growth factor-I on gill Na+,K(+)-ATPase in coho salmon, *Oncorhynchus kisutch*. Journal of Endocrinology 138, 23 - 30.

Mancera, J.M., Carrión, R.L., and Martin del Río, M.d.P. (2002). Osmoregulatory action of PRL, GH, and cortisol in the gilthead seabream (Sparus aurata L.). General and Comparative Endocrinology 129, 95–103.

Mancera, J.M., and McCormick, S.D. (1998). Osmoregulatory actions of the GH:IGF axis in non-salmonid teleosts. Comparative Biochemistry and Physiology Part B 121, 43-48.

Mancera, J.M., and McCormick, S.D. (2000). Rapid activation of gill Na+,K+-ATPase in the euryhaline teleost *Fundulus heteroclitus*. Journal Experimental Zoology 287, 263-274.

Manzon, L.A. (2002). The Role of Prolactin in Fish Osmoregulation: A Review. General and Comparative Endocrinology 125, 291-310.

Marius, C. (1995). Effets de la sécheresse sur l'évolution des mangroves du Sénégal et de la Gambie. Sécheresse 6, 123-125.

Marshall, W.S. (2002). Na$^+$, Cl$^-$, Ca^{2+} and Zn^{2+} Transport by Fish Gills: Retrospective Review and Prospective Synthesis. Journal Experimental Zoology 293, 264-283.

Marshall, W.S., and Bryson, S.E. (1998). Transport mechanisms of seawater teleost chloride cells: An inclusive model of a multifunctional cell. Comparative Biochemistry and Physiology Part A 119, 97-106.

Marshall, W.S., and Grosell, M. (2005). Ion Transport, Osmoregulation, and Acid–Base Balance. In: Evans, D.H., Claiborne, J.B. (Eds.), Physiology of Fishes. CRC Press, 177-230.

Martínez-Álvareza, R.M., Sanza, A., García-Gallegoa, M., Domezainb, A., Domezainb, J., , Carmonac, R., Ostos-Garridoc, M.d.V., and Morales, A.E. (2005). Adaptive branchial mechanisms in the sturgeon Acipenser naccarii during acclimation to saltwater. Comparative Biochemistry and Physiology Part A 141, 183 - 190.

McCormick, S.D. (1995). Hormonal control of gill Na+,K+-ATPase and chloride cell function. In: Fish Physiology, Vol. 14, Cellular and Molecular Approaches to Fish Ionic Regulation. Ed.: C.M. Wood and T.J. Shuttleworth. Academic Press, New York., 285-315.

McCormick, S.D. (1996). Effects of Growth Hormone and Insulin-like Growth Factor I on Salinity Tolerance and Gill Na+, K+-ATPase in Atlantic Salmon (Salmo salar): Interaction with Cortisol. General and Comparative Endocrinology 101, 3-11.

McCormick, S.D. (2001). Endocrine control of osmoregulation in teleost fish. American Zoology 41, 781-794.

Mckenzie, D.J., Partinez, R., Morales, A., Acosta, J., Morales, R., Taulor, E.W., Streffensen, J.F., and Estrada, M.P. (2003). Effects of growth hormone transgenesis on metabolic rate, exercise performance and hypoxia tolerance in tilapia hybrids. Journal of Fish Biology 63, 398–409.

Miyazaki, H., Kaneko, T., Uchida, S., Sasaki, S., and Takei, Y. (2002). Kidney-specific chloride channel, OmClC-K, predominantly expressed in the diluting segment of freshwater-adapted tilapia kidney. PNAS 99, 15782-15787.

Mizuno, S., Ura, K., Okubo, T., Chida, Y., Misaka, N., Adachi, S., and Yamauchi, K. (2000). Ultrastructural changes in gill chloride cells during smoltification in wild and hatchery-reared masu salmon Oncorhynchus masou. Fisheries Science 66, 670-677.

Norton, V.M., and Davis, K., B. (1977). Effects of abrupt change in the salinity of the environment on plasma electrolytes, urine volume, and electrolyte excretion in channel catfish, Ictalurus punctatus. Comparative Biochemistry and Physiology Part. A 56A, 425-431.

Nuzhdin, S.V., Wayne, M.L., Harmon, K.L., and McIntyre, L.M. (2004). Common Pattern of Evolution of Gene Expression level and Protein Sequence in Drosophila. Molecular Biology and Evolution 21, 1308-1317.

Okada, S.F., O'Neal, W.K., Huang, P., Nicholas, R.A., Ostrowski, L.E., Craigen, W.J., Lazarowski, E., R., , and Boucher, R.C. (2004). Voltage-dependent Anion Channel-1 (VDAC-1) Contributes to ATP Release and Cell Volume Regulation in Murine Cells. Journal of General Physiology 124, 513-526.

Oleksiak, M.F., Churchill, G.A., and Crawford, D.L. (2002). Variation in gene expression within and among natural populations. Nature Genetics, 261-266.

Oleksiak, M.F., Roach, J.L., and Crowford, D.L. (2005). Natural variation in cardiac metabolism and gene expression in Fundulus heteroclitus. Nature Genetics 37, 67-72.

Ollivier, H., Pichavant, K., Puill-Stephan, E., Roy, S., Calveès, P., Nonnotte, L., and Nonnotte, G. (2006). Volume regulation following hyposmotic shock in isolated turbot (*Scophthalmus maximus*) hepatocytes. Journal of Comparative Physiology B 176, 393-403.

Ouattara, N.I., Teugels, G.G., N'Douba, V., and Philippart, J.-C. (2003). Aquaculture potential of the black-chinned tilapia, *Sarotherodon melanotheron* (Cichlidae). Comparative study of the effect of stocking density on growth performance of landlocked and natural populations under cage culture conditions in Lake Ayame (Cô te d'Ivoire). Aquaculture Research 34, 1223-1229.

Pagès, J., and Citeau, J. (1990). Rainfall and salinity of a sahelian estuary between 1927 and 1987. Joural of Hydrology 113, 325–341.

Pages, J., and Lemoalle, J. (1995). Distribution of Carbon in a Tropical Hypersaline Estuary, The Casamance (Senegal, West Africa). Estuaries 18, 456-468.

Panfili, J., Durand, J.-D., Mbow, A., Guinand, B., Diop, K., Kantoussan, J., Thior, D., Thiaw, O.T., Albaret, J.-J., and Laë, R. (2004a). Influence of salinity on life history traits of the bonga shad *Ethmalosa fimbriata* (Pisces, Clupeidae): comparison between the Gambia and Saloum estuaries. Marine ecology Progress series 270, 241–257.

Panfili, J., Mbow, A., Durand, J.-D., Diop, K., Diouf, K., Thior, D., Ndiaye, P., and Laë, R. (2004b). Influence of salinity on the life-history traits of the West African black-chinned tilapia (Sarotherodon melanotheron) : Comparison between the Gambia and Saloum estuaries. Aquatic Living Resourses 17, 65-74.

Panfili, J., Mbow, A., Durand, J.-D., Diop, K., Diouf, K., Thior, D., Ndiaye, P., and Laë, R. (2004c). Influence of salinity on the life-history traits of the West African black-chinned tilapia (*Sarotherodon melanotheron*): Comparison between the Gambia and Saloum estuaries. Aquat. Living Resour. 17, 65-74.

Panfili, J., Thior, D., Ecoutin, J.-M., Ndiaye, P., and Albaret, J.-J. (2006). Influence of salinity on the size at maturity for fish species reproducing in contrasting West African estuaries. Journal of Fish Biology 69, 95-113.

Paugy, D., Lévêque, C., and Teugels, G.G. (2003). Poissons des eaux douces et saumâtres del'Afrique de l'Ouest (The Fresh water and Brackish water Fishes of West Africa) Editions IRD, Paris, France. Tome II.

Pelis, R.M., and McCormick, S.D. (2001). Effects of Growth Hormone and Cortisol on Na1-K1-2Cl2 Cotransporter Localization and Abundance in the Gills of Atlantic Salmon. General and Comparative Endocrinology 124, 134-143.

Perry, S.F., and Heming, T.A. (1981). Blood ionic and acid–base status in rainbow trout (*Salmo gairdneri*) following rapid transfer from freshwater to sea water: effect of pseudobranch denervation. Can. J. Zool./Rev. Can. Zool. 59, 1126-1132.

Philippart, J., and Ruwet, J.C. (1982). Ecology and distribution of Tilapias. In: Pullin R.S.V., Lowe-McConnell R.H. (Eds.), The biology and culture of Tilapias. ICLARM Conf. Proc. Manilla, Philippines, pp. 16-60.

Pichavant, K., Person-Le-Ruyet, J., Le Bayon, N., Severe, A., Le Roux, A., and Boeuf, G. (2001). Comparative effects of long-term hypoxia on growth, feeding and oxygen consumption in juvenile turbot and European sea bass. Journal of Fish Biology 59, 875 - 883.

Pisam, D.M., Boeuf, G., Prunet, P., and Rambourg, A. (1990). Ultrastructural features of mitochondria-rich cells in stenohaline freshwater and seawater fishes. American Journal of Anatomy 187, 21-31.

Pisam, M., Caroff, A., and Rambourg, A.S. (1987). Two types of chloride cells in the gill epithelium of a freshwater-adapted euryhaline fish: Lebistees reticulatus, their modifications during adaptation to seawater. . American Journal of Anatomy 179, 40-50.

Poitras, E., and Houde, L.A. (2002). PCR en temps réel : principes et applications. Rev Biol Biotechnol 2, 2–11.

Pritchard, D. (1967). What is an estuary: Physical viewpoint. In Estuaries (Lauff, G. H., ed.). American Association for the advancement of Science, Washington, DC, pp3-5.

Ptaffl, M.W. (2001). A new mathematical model for relative quantification in real-time RT-PCR. Nucleic Acids Research. 29, 2002-2007.

Pullin, R.S.V., and Lowe-McConnell, R.H. (1983). The biology and culture of tilapias. ICLARM Conference Proceedings 7, 432 P International Center for Living Aquatic Resources Management, Manila, Philippines.

Riley, L.G., Hirano, T., and Grau, E.G. (2003). Effects of transfer from seawater to fresh water on the growth hormoneyinsulin-like growth factor-I axis and prolactin in the Tilapia, *Oreochromis mossambicus*. Comparative Biochemistry and Physiology Part B 136, 647-655.

Riley, L.G., Richman III, N.H., Hirano, T., and Grau, E.G. (2002). Activation of the growth hormone/insulin-like growth factor axis by treatment with 17a-methyltestosterone and seawater rearing in the tilapia, *Oreochromis mossambicus*. General and Comparative Endocrinology 127, 285–292.

Roche, H., Buet, A., and Ramade, F. (2003). Caractéristiques écophysiologiques d'une population d 'anguilles de carmague exposée à une pollution clandestine par des polluants organiques persistants. Ecologie et Zoologie, CNRS UPRESA 8079, Ecologie, Systématique et Evolution, Bât. 442, Université Paris-sud XI, F91405 Orsay cedex.

Ron, B., Shimoda, S.K., Iwama, G.K., and Grau, E.G. (1995). Relationships among ration, salinity, 17α–methyltestosterone and growth in the euryhaline tilapia, *Oreochromis mossambicus*. Aquaculture 135, 185-193.

Sakamoto, T., and Hirano, T. (1993). Expression of insulin-like growth factor I gene in osmoregulatory organs during seawater adaptation of the salmonid fish: Possible mode of osmoregulatory action of growth hormone. Proc. Natl. Acad. Sci. USA 90, 1912-1916.

Sakamoto, T., and McCormick, S.D. (2006). Prolactin and growth hormone in Wsh osmoregulation. General and Comparative Endocrinology 147, 24–30.

Sakamoto, T., Shepherd, B.S., Madsen, S.S., Nishioka, R.S., Siharath, K., Richman, N.H., Bern, H.A., and Grau, E.G. (1997). Osmoregulatory actions of growth hormone and prolactin in an advanced teleost. General and Comparative Endocrinology 106, 95–101.

Sakamoto, T., Uchida, K., and Yokota, S. (2001). Regulation of the Ion-Transporting Mitochondrion-Rich Cell during Adaptation of Teleost Fishes to Different Salinities. Zoological Science 18, 1163–1174.

Sangiao-Alvarellos, S., Laiz-Carrion, R., Guzman, J.M., Martin del Rio, M.P., Miguez, J.M., Mancera, J.M., and Soengas, J.L. (2003). Acclimation of S aurata to various salinities alters energy metabolism of osmoregulatory and nonosmoregulatory organs. Am. J. Physiol. Regul. Integr. Comp. Physiol. 285, 897-907.

Sangiao-Alvarellos, S., Míguez, J.M., and Soengas, J.L. (2005). Actions of growth hormone on carbohydrate metabolism and osmoregulation of rainbow trout (*Oncorhynchus mykiss*). General and Comparative Endocrinology 141, 214–225.

Santos, C.R.A., Brinca, L., Ingleton, P.M., and Power, D.M. (1999). Cloning, Expression, and Tissue Localisation of Prolactin in Adult Sea Bream (*Sparus aurata*). General and Comparative Endocrinology 114, 57-61.

Sardella, B.A., Matey, V., Cooper, J., Gonzalez, R.J., and Brauner, C.J. (2004). Physiological, biochemical and morphological indicators of osmoregulatory stress in 'California' Mozambique tilapia (*Oreochromis ossambicus O. urolepis hornorum*) exposed to hypersaline water. Journal Experiment Biology 207, 1399-1413.

Schallreuter, K.U., Gibbons, N.C.J., Zothner, C., Abou Elloof, M.M., and Wood , J.M. (2007). Hydrogen peroxide-mediated oxidative stress disrupts calcium binding on calmodulin: More evidence for oxidative stress in vitiligo. Biochemical and Biophysical Research Communications 360, 70–75.

Schindler, D.W. (2001). The cumulative effects of climate warming and other human stresses on Canadian freshwaters in the new millennium. Can. J. Fish. Aquat. Sci 58, 18–29.

Schulte, P.M. (2001). Environmental adaptations as windows on molecular evolution. Comparative Biochemistry and Physiology Part B 128, 597-611.

Schulte, P.M. (2004). Changes in gene expression as biochemical adaptations to environmental change: a tribute to Peter Hochachka. Comparative Biochemistry and Physiology Part C 139, 519-529.

Schulte, P.M., Gomez-Chiarri, M., and Powers, D.A. (1997). Structural and Functional Differences in the Promoter and 5' Flanking Region of Ldh-B Within and Between Populations of the Teleost *Fundulus heteroclitus*. Genetics 145.

Scott, G.R., Claiborne, J.B., Edwards, S.L., Schulte, P.M., and Wood, C.M. (2005). Gene expression after freshwater transfer in gills and opercular epithelia of killifish: insight into divergent mechanisms of ion transport. Journal of Experimental Biology 208, 2719-2729.

Scott, G.R., Richards, J.G., Forbush, B., Isenring, P., and Schulte, P.M. (2004). Changes in gene expression in gills of the euryhaline killifish *Fundulus heteroclitus* after abrupt salinity transfer. American Journal of Physiology - Cell Physiology. 287, 300–309.

Seale, A.P., Fiess, J.C., Hirano, T., Cooke, I.M., and Grau, E.G. (2006a). Disparate release of prolactin and growth hormone from the tilapia pituitary in response to osmotic stimulation. Gen. and Comp. Endocrinol. 145, 222–231.

Seale, A.P., Fiess, J.C., Hirano, T., Cooke, I.M., and Grau, E.G. (2006b). Disparate release of prolactin and growth hormone from the tilapia pituitary in response to osmotic stimulation. General and Comparative Endocrinology 145, 222-231.

Seale, A.P., Riley, L.G., Leedom, T.A., Kajimura, S., Dores, R.M., Hirano, T., and Grau, G. (2002). Effects of environmental osmolality on release of prolactin, growth hormone and ACTH from the tilapia pituitary. General and Comparative Endocrinology 128, 91-101.

Seidelin, M., and Madsen, S.S. (1999). Endocrine control of Na+-K+-ATPase and chloride cell development in brown trout (Salmo trutta): interaction of insulin-like growth factor-I with prolactin and growth hormone. Journal of Endocrinology 163, 127-135.

Seidelin, M., Madsen, S.S., Blenstrup, H., and Tipsmark, C.K. (2000). Time-course changes in the expression of Na+,K+-ATPase in gills and pyloric caeca of brown trout (Salmo trutta) during acclimation to seawater. Physiologycal Biochemistry Zoology 73, 446-453.

Shamblott, M.J., Cheng, C.M., Bolt, D., and CHEN, T.T. (1995). Appreparance of insuline-like growth factor mRNA in the liver and pyloric ceca of a teleost in response to exogenous growth hormone. Proc. Natl. Acad. Sci. USA 92, 6943-6946.

Shepherd, B.S., Drennon, K., Johnson J, Nichols, J.W., Playle, R.C., Singer, T.D., and Vijayan, M.M. (2005). Salinity acclimation affects the somatotropic axis in rainbow trout. American Journal of Physiology-Regulatory, Integrative and Comparative Physiology 288, 1385-1395.

Shepherd, B.S., Ron, B., Burch, A., , Sparks, R., Richman III, N.H., Shimoda, S.K., Stetson, M.H., Lim, C., and Grau, E.G. (1997a). Effects of salinity, dietary level of protein and 17a-methyltestosterone on growth hormone (GH) and prolactin (tPRL177 and tPRL188) levels in the tilapia, Oreochromis mossambicus. Fish Physiology and Biochemistry 17, 279-288.

Shepherd, B.S., Sakamoto, T., Hyodo, S., Nishioka, R.S., Ball, C., Bern, H.A., and Grau, E.G. (1999). Is the primitive regulation of pituitary prolactin (tPRL177 and tPRL188) secretion and gene expression in the euryhaline tilapia (*Oreochromis mossambicus*) hypothalamic or environmental? Jounal of Endocrinology 161, 121–129.

Shepherd, B.S., Sakamoto, T., Nishioka, R.S., Richman III, N.H., Mori, I., Madsen, S.S., Chen, T.T., Hirano, T., Bern, H.A., and Grau, E.G. (1997b). Somatotropic actions of the homologous growth hormone and prolactins in the euryhaline teleost, the tilapia, Oreochromis mossambicus. Proc. Natl. Acad. Sci. USA 94, 2068-2072.

Shieh, Y.-E., Tsai, R.-S., and Hwang, P.-P. (2003). Morphological Modification of Mitochondria-Rich Cells of the Opercular Epithelium of Freshwater Tilapia, Oreochromis mossambicus, Acclimated to Low Chloride Levels. Zool. Studies 42, 522-528.

Shrimpton, J.M., Devlin, R.H., McLean, E., Byatt, J.C., Donaldson, E.M., and Randall, D.J. (1995). Increase in Gill Cytosolic Corticosteroid Receptor Abundance and Salwater Toleranc 98e in javinile Coho Salmon (Oncorhynchus kisutch) Treated with Groth Hormone and Placental Lactogen. General and Comparative Endocrinology 98, 1-15.

Simier, M., Blanc, L., Alioume, C., Diouf, P.S., and Albaret, J.J. (2004). Spatial and temporal structure of fish assemblages in an " inverse estuary ", the Sine Saloum system (Senegal). Estary Coastal and Shelf Sciences 59, 69-86.

Smith, H.W. (1930). The absorption and excretion of water and salts by marine teleosts. Am. J. Physiol -Legacy Content 93, 480 - 505.

Sparks, R.T., Shepherd, B.S., Ron, B., Richman III, N.H., Riley, L.G., Iwama, G.K., Hirano, T., and Grau, E.G. (2003). Effects of environmental salinity and 17a-methyltestosterone on growth and oxygen consumption in the tilapia, *Oreochromis mossambicus*. Comparative Biochemistry and Physiology Part B 136, 657–665.

Specker, J.L., King, D.S., Nishioka, R.S., Shirahata, K., Yamaguchi, K., and Bern, H.A. (1985). Isolation and partial characterization of a- pair of prolactins released in vitro by the pituitary of a cichlid fish, *Oreochromis mossambicus*. Proc. Nad. Acad. Sci. USA. 82, 7490-7494.

Stauffer, J.R. (1984). Colonization theory relative to introduced populations. pp. 8-21. In: W.R. Courtenay & J.R. Stauffer (ed.) Distribution, Biology, and Management of Exotic Fishes, Johns Hopkins University Press, Baltimore.

St-Pierre, J., Charest, P.-M., and Guderley, H. (1998). Relative contribution of quantitative and qualitative changes in mitochondria to metabolic compensattion during seasonl acllimatation of rainbow trout Onchonrhynchus mykiss. Journal of Experimental Biology 201, 2961–2970.

Streelman, J.T., and Kocher, T.D. (2002). Microsatellite variation associated with prolactin expression and growth of salt-challenged tilapia. Physiol Genomics 9, 1-4.

Tang, Y., Shepherd, B.S., Nichols, A.J., Dunham, R., and Chen, T.T. (2001). Influence of Environmental Salinity on Messenger RNA Levels of Growth Hormone, Prolactin, and Somatolactin in Pituitary of the Channel Catfish (*Ictalurus punctatus*). Marine Biotechnology 3, 205–217.

Tipsmark, C.K., Madsen, S.S., and Borski, R.J. (2004). Effect of Salinity on Expression of Branchial Ion Transporters in Striped Bass (*Morone saxatilis*). Journal of Experimental Zoology 301, 979-991.

Tipsmark, C.K., Madsen, S.S., Seidelin, M., Christensen, A.S., Cutler, C.P., and Cramb, G. (2002). Dynamics of Na+, K+, 2Cl- Cotransporter and Na+,K+-ATPase Expression in the Branchial Epithelium of Brown Trout (*Salmo trutta*) and Atlantic Salmon (*Salmo salar*). Journal of Experimental Zoology 293, 106-118.

Townsend, J.P., Cavalieri, D., and Hartl, D.L. (2003). Population Genetic Variation in Genome-Wide Gene Expression. Molecular Biology and Evolution 20, 955–963.

Trewavas, E. (1983). Tilapiine Fishes of the Genera *Sarotherodon, Oreochromis* and Danakilia. (Trewavas, E., ed.). British Museum of Natural History, London, UK.

Uchida, K., Yoshikawa-Ebesu, J.S.M., Kajimura, S., Yada, T., Hirano, T., and Grau, E.G. (2004). In vitro effects of cortisol on the release and gene expression of prolactin and growth hormone in the tilapia, Oreochromis mossambicus. Gen. and Comp. Endocrinol. 135, 116–125.

Van Der Heijden, A.J.H., Verbost, P.M., Eygensteyn, J., Li, J., Wendelaar Bonga, S.E., and Flik, G. (1997). Mitochondria-rich cells in gills of tilapia (Oreochromis mossambicus) adapted to fresh water or sea water: quantification by confocal laser scanning microscopy. Journal Experimental Biology 200, 55-64.

Varsamos, S., Diaz, J.P., Charmantier, G., Flik, G., Blasco, C., and Connes, R. (2002). Branchial chloride cells in sea bass (*Dicentrarchus labrax*) adapted to fresh water, seawater, and doubly concentrated seawater. Journal Experimental Biology 293, 12-26.

Vega-Cendejas, M.E., and Hernandez de Santillana, M. (2004). Fish community structure and dynamics in a coastal hypersaline lagoon: Rio Lagartos, Yucatan, Mexico. Estuarine, Coastal and Shelf Science 60, 285-299.

Vega-Cendejas, M.E., and Hernàndez de Santillana, M. (2004). Fish community structure and dynamics in a coastal hypersaline lagoon Rio Lagartos, Yucatan, Mexico. Est.Coast. Shelf Sc. 60, 285-299.

Vidy, G. (2000). Estuarine and mangrove systems and the nursery concept: which is which? The case of the SineeSaloum system (Senegal). Wetlands Ecology and Management 8, 37-51.

Whitehead, A., and Crawford, D.L. (2005). Variation in tissue-specific gene expression among natural populations. Genome Biol. 6, R13.

Whitehead, A., and Crawford, D.L. (2006). Neutral and adaptive variation in gene expression. PNAS 103, 5425–5430.

Whitfield, A.K. (1990). Life-history styles of fishes in South African estuaries. Environmental Biology of Fishes 28, 295-308.

Whitfield, A.K., and Elliott, M. (2002). Fishes as indicators of environmental and ecological changes within estuaries: a review of progress and some suggestions for the future. . Journal of Fish Biology 61, 229-250.

Whitfield, A.K., Taylor R.H., Fox, C., and Cyrus, D.P. (2006). Fishes and salinities in the St Lucia estuarine system-a review. Review Fish Biology Fisheries 16, 1-20.

Williams, T.D., Gensberg, K., Minchin, S.D., and Chipman, J.K. (2003). A DNA expression array to detect toxic stress response in European flounder (*Platichthys flesus*). Aquatic Toxicology 65, 141-157.

Wilson, J.M., and Lauren, P. (2002). Fish Gill Morphology: Inside Out. Journal of Experimental Zoology 293, 192-213.

Wong, C.K.C., and Chan, D.K.O. (1999). Chloride cell subtypes in the gill epithelium of Japanese eel *Anguilla japonica*. Am J Physiol Regulatory Integrative Comp Physiol 277, 517-522.

Wong, M.K.S., and Woo, N.Y.S. (2006). Rapid changes in renal morphometrics in silver sea bream *Sparus sarba* on exposure to different salinities. Journal of Fish Biology 69,, 770-782.

Woo, N.Y.S., and Kelly, S.P. (1995). Effects of salinity and nutritional status on growth and metabolism of Sparus sarba in a closed seawater system. Aquaculture 135, 229-238.

Wray, G.A., Hahn, M.W., Abouheif, E., Balhoff, J.P., Pizer, M., Rockman, M.V., and Romano, L.A. (2003). The Evolution of Transcriptional Regulation in Eukaryotes. Molecular Biology and Evolotion 20, 1377–1419.

Yada, T., and Hirano, T. (1992). Influence of seawater adaptation on prolactin and growth hormone release from organ-cultured pituitary of rainbow trout. Zoological Science 9, 143–148.

Yada, T., Nagae, M., Moriyama, S., and Azuma, T. (1999). Effects of prolactin and growth hormone on plasma immunoglobulin M levels of hypophysectomized rainbow trout, *Oncorhynchus mykiss*. General and Comparative Endocrinology 115, 46–52.